JN115740

岡山の蝶々歳時記

難波通孝

吉備人出版

はじめに

「岡山の自然を守る会」発行の、季刊「岡山の自然」第175号に「蝶々歳時記(1)」として掲載されたのは2011年3月15日のことでした。以来、約11年間に年4回のペースで連載していただいた「蝶々歳時記」は、2022年05月15日「岡山の自然」第212号の37回で終了しました。これに番外として、プラス2編を追加して合本にしたのがこの小冊子です。

この地球の全生物は、今日も宇宙の中で奇跡の一瞬を生きています。この「蝶々歳時記」の事柄は、その中のとんでもなく狭い範囲の出来事の記録であります。連載以外（プラス2編）の投稿記事を掲載したのは、この「蝶々歳時記」も、“地球温暖化と宇宙”というバックグラウンドの中での出来事だからです。

文章は、ほとんどそのまま掲載していますが、これを機に白黒写真は全てカラーにして、裏表紙の写真も掲載しました。B5判をA4判にしましたので紙面の構成や写真の大きさは変わっています。

皆様を、一時でも蝶の世界にお誘いすることができれば嬉しい限りです。

表紙写真

2012年7月5日　求愛中のヒメシジミの♂（左）と♀。
顔を突き合わせて何を話しているのか、聞いてみたい。

裏表紙写真

1979年7月29日　真庭郡川上村上徳山（現・真庭市）オウラギンヒョウモンの♀。
この写真を撮影したあと、岡山県からほとんど確認されていない。撮影から40年以上が過ぎ去り、今では貴重な写真となった。

目　次

“幻のチョウ”を求めて

世界で「１匹しかいない」とのことで、嘗てオークションにかけられ何百万円で競り落とされたトリバネアゲハがあったと聞く。しかし、この表現は間違いである。１匹や２匹で種の維持ができるはずがない。正しくは、「世界でこれまで１匹しか採れていない」が正しい。この話はずいぶん昔の話で、生態が判明して飼育をされるようになった今では3万円程度になってしまったと言う。

私は蝶に興味をもってかれこれ50年になる。その間、蝶を通じて自然と接し、多くの感動を経験してきた。今から40年前の1971年11月6日、私と那須敏氏（岡山市可知）は川上郡備中町（当時）の山中にいた。当時、幻の蝶と呼ばれていた“ベニモンカラスシジミ”の卵を求めて歩いていた。すでに5〜6回、発見することなく空振りに終わっている。見つけるまで決して諦めることはできない。

この蝶は1956年、愛媛県の山中（皿ヶ峰）にて世界で最初に発見されたシジミチョウの新種であり、後に天然記念物に指定されたにもかかわらず、採集等により絶滅したと見られていた。ところが、13年後の1969年と1970年に遠く離れた岡山県新見市の山中で古びた♀が相次いで採集された。ベニモンカラスシジミに似てはいるが少し違っていた。このことはごく限られ人にしか伝わらなかった。その後、幻の蝶の再発見はこの人たちの目標となった。私もその中の一人であり、那須氏は古びた♀の１匹（1970年）を採集している当事者である。

この日、私と那須氏の目前で奇跡が起こった。偶然見つけた小さなキビノクロウメモドキから、多くの卵が目に入った。その状況は、図鑑で見た愛媛県の新種ベニモンカラスシジミと何から何まで全く同じであった。まことにあっけない幕切れであったが、私にとっては、まだ見ぬ幻の蝶の姿を想像して地に足が着かない状態であった。この場所は、2♀が採集された新見市から遠く離れていたのだ。その後の調査で、岡山県西部と広島県東部の石灰岩地帯に広く生息していることがわかり、この個体群にkibiensis（吉備の地に産するの意味）なる亜種名をつけ、日本の蝶界に紹介したのは翌1973年5月のことで、日本の蝶界にセンセーションを巻き起こしたのである。亜種にしても、アマチュアが学名に関わったのである。この一連の出来事は、私にとって本当に大きなロマンであった。

ところで、この小さなシジミチョウも、発表する前は♂♀で3万円の値段がついていたが、発表後に大勢の方が知り、飼育で完全な標本を多く手にできることとなり、今では♂♀で3千円程度になった。何でも“幻のうちが花”ということであろうか？（第175号・2011.3.15）

ベニモンカラスシジミ♀（羽化後55分）　新見市長屋　1986.06.02

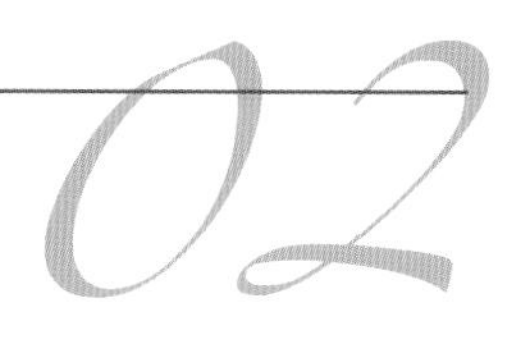

ヒロオビミドリシジミを撮る

シジミチョウの中にミドリシジミと言われる仲間がいる。私たちは、ゼフィルスと呼んでいて、蝶に関心を持つ同好者の中では人気の高いグループを形成している。一年に１回、初夏に現れて私たちを楽しませる。このグループの多くは、♂の翅の表が緑色・深い青色・金色などに輝き、その微妙な輝きの彩は同好者を魅了してやまない。特に羽化して間もない新鮮な個体は、光の当たる角度によっては、時にこの世のものとは思えないほどの輝きを見せつける。また、同じ種類でも個体変異があり、私たちをますます魅了する。

私は、蝶たちの一瞬の輝きを写真に残すのを楽しみとしている。毎年、６月の上旬から７月の中旬にかけていろいろな種類のゼフィルスが、時期をかえ所をかえては現れる。仕事の合間に、撮影の日程を組むのがもどかしい。時期と天候が大きく関わるからだ。自然はまったく待ってはくれない。ほんの僅かなチャンスを逃すと、次は来年になってしまう。

このグループの中に、国内では中国地方と兵庫県の一部にしか生息しないヒロオビミドリシジミと言う種がいて、岡山県は分布のほぼ中心に位置する。この蝶の翅の色は、他の緑色の蝶の色とは微妙な違いがあり、緑色・青色・金色と、見る角度によっては色彩が異なり、納得する写真が撮れる確率をますます低くしてしまう。また、金色の輝きは、写真に表現する色としては最も難しいと言われている。これらのことが、ヒロオビミドリシジミとの出合いを求めて何回も出かける理由となっている。いろいろな出版物を見ても、この蝶の特徴（色彩）をよく表した写真には、なかなかお目にかかれない。

1995年6月17日、最高のチャンスに恵まれた。新見市草間の生息地には午前6時前到着した。自宅から2時間はかかる。すでに生息地のナラガシワ林に朝日が当たっているが、まだ林床には光が届いていなかった。注

ヒロオビミドリシジミ♂　新見市草間　1995.06.17

意深くナラガシワ林の周辺で下草に止まって夜を過ごした♂を探した。意外と簡単にタンキリマメの葉上に静止していた♂個体を発見できた。ロケーションも良いのでこの個体に決めた。カメラはアサヒペンタックスＬＸ、レンズは100ミリマクロＦ2.8をつけて三脚で固定した。もう少しでこの♂に朝日が当たり翅を開くはずだ。息をこらして待った。ここで私にとってはまねかざる客が来た。長い網を持った若者が現れたのである。この方は、「県外からこの蝶を採集するために2〜3日前からヒロオビミドリシジミを探しているが見つからない。このままでは帰れない」と言う。そして、私に向かって「カメラを向けているその蝶がヒロオビミドリシジミですか？」と言う。今にも網を振りそうであった。冗談ではない。「撮影が終わったら採集してもよいから、それまでは最低10メートル位離れて静かにしていて下さい」と、声を抑えて拝み倒した。そして葉上に朝日が当たり始めると、少し姿勢を変えた。ヒヤッとしたが、飛び去ることはなかった。しばらくして待ちに待った翅を開く時がきた。翅を全開にして朝日を受け、体温を上げてから樹上高く飛び立つのである。一度飛び立つと二度と低い場所には降りてこない。今が唯一撮影のチャンスなのである。

朝日に向かって、この蝶の色の特徴がよくでていた。翅の輝きに最も適した露出は、今のようにデジタルカメラではないのでフィルムを現像しなくてはわからない。しかし、露出を考えている余裕はない。露出・絞りを変え、ピント合わせをやり直し何枚も撮った。しばらくして姿勢を変えた。今度は一番良い姿勢となった。「これでどうだ？」と言わんばかりである。私のほうに向いたのだ。フィルムを換えて再び撮る。２本近く撮ったのではないかと記憶している。そして午前6時30分すぎ、この日の仕事が終わった。このような経験は、約50年の撮影の中でほんの数回しかない。この個体は、本種の特徴をよく表し、その金色の出方は最上級のものであった。カラーでお見せできないのが誠に残念である（元の掲載は白黒写真）。さて、10メートル離れて首を長くして待っていた若者に、採集の機会がきた。一度は振り逃がしたが、樹上高く止まったところを無事ネットインした。「これで帰ることができます」と、丁寧にお礼を言って去って行った。

二人は、短い時間ではあったが、それぞれの思いでヒロオビミドリシジミと言う小さなシジミチョウを相手に一時を過ごした。私は納得できる一枚の写真、若者はどうしても欲しかった一頭の標本、全く異なる価値観を持つ二人にとって、このチョウは“たかがチョウ、されどチョウ”なのである。

現像ができて、どうにか満足できる写真が撮れていた。この写真は、山陽新聞社から翌1996年4月に出版した、原色図鑑シリーズ「岡山の蝶」の表紙カバーを飾ったが、ファインダーから見たあの光景は、それより一段と美しかったことは言うまでもない。

（第176号・2011.6.20）

03

絶滅一途・オオウラギンヒョウモンとの出会い

“オオウラギンヒョウモン”、日本国内で絶滅の一途を代表する蝶である。私がこの蝶にお目にかかったのは1979年のことである。もっと以前には、旭川の堤防や岡山大学の構内にも見られたと言う。1970年代から急激に姿を消して行ったこの蝶は、それまでごく普通にいたことから記録がほとんど残っていない。したがって、「何時の頃からどのように少なくなっていったのかよくわからない」というのが正直なところであろう。気がついたら、とんでもない珍しい蝶となり、絶滅危惧種1類になってしまった。

私は、1979年7月21日、岡山県真庭郡川上村上徳山（当時）の草原ではじめて出会った。すでに故人となられているが、鳥取県の竹内先生が「今行けば見えるよ」と電話で教えてくださった。そのころ、私の頭の中では、岡山県内で見ることのできない蝶の中に入っていたのでとても驚いた。この日は、牧草を主とした草原で合計７頭の♂を確認した。当時は、エクタクロームのEPRと言うポジフィルムを使用していた。3本近く撮ってフィルムが無くなってしまった。29日には、午前9時から11時頃まで、心行くまで撮影した。2♂3♀を確認して11時頃から気温が上がると姿を消してしまった。写真はその時撮影したもので、ササに静止する♀である。吸蜜のため訪花していた植物は、ほとんどがアカツメクサ（ムラサキツメクサ）であった。

この観察を最後に翌年から見えなくなり、今ではこの思い出とともに“幻”となった。以前は青森県〜九州までいたが、今では九州と山口県のごく一部しか見ることができない蝶になった。他の大型ヒョウモンの仲間も少なくなってはいるが、なぜこの蝶だけが極端な減少をしてしまったのか不思議議であるが、ここ30〜40年に起きた事実である。私たち人間がその原因をいろいろ考えてはみるものの、はたしてどれほど的を射ているものかわからない。何れにしても、私たちが見る風景の中で、近年大きな変化が起きていることは疑いない。そのスピードは、自然界のこれまでの変化から比べると恐ろしいくらいの速さであり、その速さは瞬間といっても良いくらいであろう。オオウラギンヒョウモンは、そんなことを感じさせてくれる不思議な蝶でもある。

オオウラギンヒョウモンは、蝶好きの私にとって、「夢のある・貴重な・憧れる・もう一度、何処かで会いたい」、特別な蝶なのである。

（第177号・2011.9.20）

オオウラギンヒョウモン♀　真庭郡川上村上徳山　1979.07.29

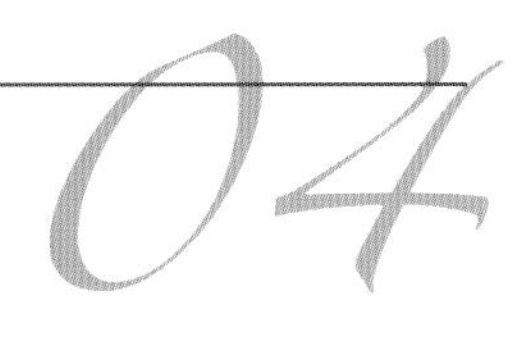

キマダラルリツバメを撮る

私は、高校時代から蝶に関わってかれこれ50年近くになる。その間、蝶の生態を撮るためにアサヒペンタックスの一眼レフカメラを使ってきた。「写真のピントは自分が手で合わすものだ」と言う観念が強かったからである。「そろそろ文明の力を利用してはどうですか？」とのカメラ店の薦めもあって、2003年からキャノンに替えた。初めてAFデジタルカメラを使用することになった。実を言うと目でピントを合わせることが難しくなったことが一番の理由であった。AFにしてからは、それまで撮ることが難しかった写真が撮れるようになった。シャッターボタンを押すことに全神経を集中できるからだ。決定的な瞬間を記録できるようになった。以来、誠に有り難く重宝している。

自然界は、行くたびに前回にはなかった場面を見せてくれる。そのチャンスはいつも突然訪れる。当たり前のことではあるが、撮影の状況によってカメラの設定が異なる。心の準備はしているものの毎回のように慌ててしまう。そして、シャッターを押している時はいつでも夢中である。それまで撮りたかった写真が撮れた時の心中は、私の至福の一時でもある。

キマダラルリツバメは、幼虫期の全てをハリブトシリアゲアリというアリの巣の中で過ごす。この蝶の幼虫は、このアリから直接口移しで餌を与えられ、アリは幼虫の体から出る蜜を食べる、いわゆる典型的な相利共生の関係にある珍しい生態をもっている。この蝶の♂は、夕刻に樹上高い場所でテリトリーを張る習性があるので、その時の写真は容易には撮ることができない。

2011年7月5日、恩原高原でのことである。夕刻（5時頃）数頭のキマダラルリツバメが、栗の木の樹上高い場所（10㍍程度）で飛び回っていた。とても撮れる状況ではない。ところが、この場所の下は開けた空間があり、そこは草地になっていた。気がつくと、１頭の♂が降りてセセリチョウと縄張り争いを始めた。ススキなどの葉に止まってはセセリチョウと追いかけごっこをしていた。この写真は、イバラの葉上に止まった時の１ショットである。早く撮らないとセセリチョウを追ってすぐに居なくなってしまう。このような撮影チャンスはなかなか出合えない。自分としては、久し振りに良い写真が撮れたと思っている。

（第178号・2011.12.20）

恩原高原　2011.07.13

05 芥子山の山頂は、生き物のたちのパラダイス

1995年、山陽新聞社から『原色図鑑岡山の蝶』を出した。それまで撮りためていたスライドを種別に整理したところ、ゴマダラチョウの写真がなかったのである。そこで、岡山市可知に在住の那須敏氏に撮り易い場所を教えていただいたのが、芥子山の山頂であった。数回通い、良い写真が♂♀ともに撮影できた。他にも撮りためていた写真より満足する写真が数種類撮ることができた。ルリタテハやヒオドシチョウなどの綺麗な写真であった。

以来、今日までの15年間足繁く通うことになった。山頂の開けた空間の中に１本の樹液の出るアベマキがある。いろいろなドラマがこの場所で起きる（写真①）。この場所で数えきれないくらいのドラマを見てきた。蝶をはじめとする虫たちの命を繋ぐ偽りのない姿である。これまで何回通ったであろうか！年を重ねるたびに飽きるどころか密度が高くなっていく。2011年の8月は、ついに皆勤で通った。雨の日は、傘をさして新たな場面の撮影である。車で途中を見ながらと言っても、ほとんどは山頂まで直行である。何より左の膝に少し欠陥があるので、どうしても山頂付近に集中して観察をすることが多い。仕事の合間や、僅かの時間を見つけては覗いて見ることが多いのだが、それでも行くたびに前回とは異なる場面に出合うことができる。それは、虫たちが自然のなかで生きている様々な場面であるが、季節がかわるごとに、時間がかわるごとに、天候がかわるごとに、夜の活動も加えると、一体どれほどのドラマが繰り広げられているのであろうか？６月には、山頂の上空でここ何年か見なかったオオムラサキの♂を確認した。うっかりすると気がつかないまま見過ごしていたかもしれない。

私は、自然の中のどれほどの一瞬を見て感激しているのか？思わずため息をつきそうだ。今は見ることのない、とんでもない場面を想像しては「いつの日かきっと見ることができるかもしれない」と、ついワクワクしてしまう。イシガケチョウやモンキアゲハの交尾は、何時の日か撮ってみたい光景の一つである。

上空の空間を十数頭の蝶たちが集団となって波のように流れる一瞬、この一瞬は何時どこで起きるか予測できない。撮影のチャンスは一瞬にして過ぎ去り、脳裏に焼きついているだけである。至る所の空間で２～３頭の蝶が縄張りを張っている。この小さな集まりが、たまたま重なって一瞬大集団の波ができる。この波が午前中に起きる回数はせいぜい１～２回である。この時にカメラのピントをあわせて上空向けていなければ決して撮ることはできない光景である。その上に、何時起きても瞬時にシャッターを押し続ける気持ちを持ち続けていなければならない。今年は何回も挑戦したが、思い描く写真は撮ることができなかった。写真②は、その様子を撮った中の1枚である。この機会は、蝶が見られる時期の中でも限られていて、来年を楽しみにしている。こうして先送りにした楽しみと、味わうことのできたワクワク感がたまっていき、ますます魅了される。

先ほどにも触れたが、私はいったい芥子山全体で起きている虫たちのドラマの何％を見ているのだろうか？単純に考えてみた。当然であるが、ドラマは一年中昼夜を問わず芥子山の全体で起きている。芥子山の面積は約200ヘクタールとする。年に約50回訪れるとする。平均の滞在時間は約１時間、山頂で見ながら歩く範囲の面積は約100㎡である。そして、これが一番大きな問題であるが、見ていると思われる範囲で起きているドラマのうち、私が気付く確率である。これを約１％とする。などなど考えて計算すると、とんでもなく低い確率で見ていることとなる。それでも感動する光景に度々出合う。そのように考えると芥子山の一帯でどのようなドラマがどのくらい繰り広げられているものか、想像するだけでワクワクしてしまう。そして「明日も時間をつくって芥子山に行こう！」と思う。

（第179号・2012.3.20）

写真②　山頂の空間での追飛。アオスジアゲハを先頭にキアゲハと2頭のツマグロヒョウモンが続く。
2011.06.28

写真③　久し振りに現れた♂　2011.06.28

写真①　アベマキの樹液に集まり餌場争い。
上からゴマダラチョウ・スズメバチ・ルリタテハ・ヒオドシチョウ・スズメバチ・ルリタテハ　2011.06.20

イシガケチョウを追って　06

イシガケチョウは成虫で越冬し、4月の中下旬に芽吹きはじめたイヌビワなどの新芽に産卵をする。約40年前には、成虫が見つかっただけで新聞紙上に掲載される蝶であったこの蝶が、今では5月下旬になると毎年見られるような蝶となった。約１カ月で１世代を繰り返し、第２世代、第３世代と発生を繰り返しながら分布の範囲を拡大して行く。

今から18年前の1994年5月13日、岡山市の竜ノ口グリーンシャワー公園で第１世代となる幼虫を見つけた（写真①）。いま岡山県南部を調査すると、かなり見つかるかもしれないと思った。この日から、それまで思いもかけなかったイシガケチョウの調査をすることとなった。

1994年の夏は、記録に残る暑さであった。私は、その最も暑い6月から8月にかけて南方系の蝶“イシガケチョウ”拡散の跡を追った。飛翔の後をついて行くことは到底できないので、イシガケチョウが立ち寄った痕跡を探して追うことにした。その“痕跡”とは、食樹に残された卵であり、卵殻であり、幼虫、蛹、蛹の抜け殻である。そして、イシガケチョウの幼虫は、食樹の葉に独特の食痕を残す。それは、葉裏の主脈にほぼ直角の噛み傷を１カ所だけつける（写真②の中央部分）。イシガケチョウの幼虫が食する植物は、イヌビワ・イタビカズラ・イチジクなどで、ご存じのとおり傷つけると乳白色の液が出る。幼虫は葉を食べる前に、葉裏の主脈を切ることで液の流出を絶ち、食べ易くするためだと考えられている。

岡山県南部からはじめた調査は、極めて順調に進んだ。初めは「こんなに簡単に見つかって良いものか？」と半信半疑であったが、取り付かれたように調査の範囲を広げて行った。7月5日までの調査で、岡山県はほぼ全域で発見できた。南方系の蝶は、分布を拡大するのに北進、主には東進するので、後は兵庫県の調査を

写真①　食樹イヌビワの葉上で見つけた幼虫。この年の全調査は、この終齢幼虫から始まった。
岡山市竜ノ口グリーンシャワー公園　1994.5.13

写真③　越冬成虫のイヌビワへの産卵
岡山市竜ノ口グリーンシャワー公園　2012.4.24

写真②　幼虫の噛み切ったあと
福井県高浜町東三松　1994.11.5

写真④　岡山市竜ノ口グリーンシャワー公園
2012.6.2

することに迷いはなかった。7日、9日、10日は、走行距離400㎞を超える調査であった。地図でその日の調査範囲を決めて、東へ進めて行った。どこまで行っても確認できるので、思い切って三田あたりを調べてみるとやっと確認できなくなり、正直ホッとした。後は、山陰側の拡大の確認もかねて遠くは福井県まで遠征をした。福井県での確認は、はじめてとのことであった。

車での調査行は、双眼鏡で主にイチジクを探しながら、走っては止まりを何百回も繰り返し、そのたびに一喜一憂、写真とメモをとり、必要な場所では幼虫や蛹を採集しては、冷房をガンガンきかした車中に飛び込んだ。足早に次の確認へと車を走らす。好きなこととは言え、もはや止まることのないイシガケチョウとの闘いでもあった。

岡山県と兵庫県の調査データを整理して分布図にした。世代を重ねながら、どのような植物を食べながら、どのように分布を拡大して行くかが見えてきた。分布拡大の状況に、越冬の可能性がある範囲（図１）を推測して、一冊の本に纏めた。本のタイトルは、『“1994”イシガケチョウの飛翔』である。私にとっては、思い出深い出版物となった。

これまで、イシガケチョウの産卵場面は幾度も見てきたが、越冬成虫の産卵場面には出合うことがなかった。この調査から18年が経過したこの4月24日、この調査の出発点となった場所でやっと撮影することができた（写真③）。写真④は、6月2日に同じ場所で撮った第１世代成虫♂の吸水で、もしかすると写真③の母蝶の子である可能性も否定できない。

イシガケチョウは、自然界の中の１種にすぎないが、僅か数カ月の間に世代を繰り返しながら勢力範囲を拡大していく様子を垣間見た。1994年は記録的に暑い夏であったので、南方系のイシガケチョウを調査するタイミングとしてはベストであったかもしれない。

（第180号・2012.6.25）

07 幻となるか?
ウラナミアカシジミ

ウラナミアカシジミ（写真①）を見たのは、1993年のことである。それから、かれこれ20年近く見ていない。知人に聞くと、あちらこちらで見たというが、その場所は限られていて決して多くはない。

近似種にアカシジミ（写真②）と言うシジミチョウがいる。翅の表はよく似ているが、裏側の模様はまったく異なる。30〜40年前は、両種ともいたる所で見ることができた。近年、アカシジミが少なくなった時期には、ウラナミアカシジミが多く見られたり、その時期が全く逆の様相を見せたりした時期があり、私たちを不思議がらせてきた。ところが、他の珍しい種に気を取られている間に、アカシジミがほとんど見られなくなっていることに気が付き、ウラナミアカシジミはもっといなくなっていることにも気が付いた。そうこうしているうちに、アカシジミが少し見られるようになった。それでも以前のように「何だ!アカシジミか？」ではなく、「おっ!アカシジミだ」にかわるくらい簡単に見られる蝶ではなくなってしまった。一方、ウラナミアカシジミは、少なくとも私には出合えることのない蝶になっていた。

そんな中、今年（2012年）の6月11日、写友（撮影友人）からウラナミアカシジミ（写真①）を見たとの一報が入った。私は、翌日の撮影行を決めた。高速道路を走り、午前6時過ぎには到着した。現場は、蝶の採集などで有名な哲多町のクヌギとナラガシワの林である。早速、目視でクヌギの葉上や下草を見て回った。間もなく地上4〜5m位のクヌギの葉上に静止しているウラナミアカシジミが見えた。いとも簡単に見つかったので、キツネに騙されたようであった。こうして約20年ぶりにウラナミアカシジミの写真を撮ることができた。15日にも訪れ、本種をはじめアカシジミ・ヒロオビミドリシジミ・ミズイロオナガシジミ・ウラジロミドリシジミ・オオミドリシジミ・ウラゴマダラシジミなどの写真を堪能して至福の一時を過ごした。この2日間で約10頭のウラナミアカシジミに出合うことができた。どうやら、今年はウラナミアカシジミの当たり年だったようであるが、アカシジミと共に、これからの消長が気になる一種である。

写真①　ウラナミアカシジミ　2012.06.15

写真②　アカシジミ
2012.06.15

（第181号・2012.9.25）

時代が変われば品変わる

(テングチョウとクモガタヒョウモン)

08

私が蝶に興味を持って間もない頃（約50年前）の出来事である。その頃は、初めて採集する蝶に感動の日々を過ごしていた。ツマキチョウに感動し、サカハチチョウに驚き、トラフシジミに心が踊っていた頃のことを今でも鮮明に思い出す。

私の蝶々日記は、1963年（昭和38年）に始まり、最初の発表記事は、倉敷昆虫同好会に投稿した「総社市南秦にてウラキンシジミを採集」のわずか５行の短報であった。

この頃は、高校の蝶仲間とたびたび岡山市の郊外にある金山（標高500m）に登っていた。日記によると、たぶん1963年5月26日のことである。頂上まで辿り着き、スジボソヤマキチョウやクモガタヒョウモンを夢中で採集していた。すると蝶友がテングチョウを採集した。私は初めて見る蝶を目前にして「こんな蝶がいるのか？」と大変驚いた。蝶友に拝み倒して、クモガタヒョウモンと交換してもらった。私は、１週間前に、別の場所で3頭のクモガタヒョウモンを採集していたから、テングチョウがどうしても欲しかったのである。交換してもらい大変満足したことを覚えている。

時代が変わり、次第にテングチョウを見るようになり、近年テングチョウが異常発生か？と思われるほど目にするようになった。特に発生当初は湿地で吸水するテングチョウの群れに車で突っ込み、数えきれないほどの乱舞に出合うことも少なくない。何百匹もの集団となって吸水しているのである。近年、このような光景は毎年見られるようになった。

一方、クモガタヒョウモンはめっきり少なくなり、めったに出合えない蝶となった。他の大型ヒョウモンに先駆けて発生するので５月末から６月上旬にかけて出かけないと出合いの機会を逸することが原因として大きいと思われるが、激減していることは間違いないと思う。今では、テングチョウは極めて多産し、クモガタヒョウモンは珍しい蝶となってしまった。

テングチョウ　岡山市吉備津神社　2005.05.24

約50年前の出来事を懐かしく思い出して、ふと心の中で笑ってしまう。「時代が変われば品（事情）かわる」、「あの頃は良い時代だった」とも思い、同時に年をとったことを悟る出来事でもあった。

（第182号・2012.12.25）

クモガタヒョウモン
新見市草間　1993.06.16

ウラクロシジミの舞踏会

シジミチョウの仲間に、ウラクロシジミという翅の裏面がほぼ黒色に近い模様のある黒褐色の小さな蝶がいる。この蝶の♂は、翅の表面は模様のない一面真珠色をしたきらめく白色である。幼虫はマンサクの葉を食べて育つので、県北部に分布するが少ない。裏面は黒褐色なので、この小さな蝶が群れをなし、樹林の中できらめきながら、流れるようにリズム良く飛ぶ光景は、つい見とれてしまう“おとぎの国”のようである。私が初めてこのような光景を見たのは、上齋原の宮ケ谷と言う所で、今から40年以上前のことである。この蝶の活動時間は、午後3時頃から夕刻にかけてで、夕日の当たる樹上高い場所で多くの♂が縄張り争いを繰り返す光景は、見て飽きることはなかった。20～30頭（もっと多いかもしれない）の♂の群れが樹上を乱舞していた光景をいまでも鮮明に覚えている。

それから40年後の2012年6月25日、やはり上齋原から森林公園に行く途中で、その数は少ないものの、同じような光景に出合うことができた。写真が目的であるから、前回とは違ってどうしたら鮮明な写真が撮れるか辛抱強く観察した。同じコースを飛びながら♀を探しているのだろうか？♂と♂が出合うたびにもつれ合って追飛を繰り返す。ほとんどは見上げる樹上の空間で活動が行われて、時折葉上に止まるが、別の♂が飛んでくるので葉上に留まる時間はほんの数秒のことが多い。私はただ見上げて眺めることでしかできなかった。

極めて稀に目の前の低い場所を通過することがあるが、止まるのかと思っても、たいていの場合は通り過ぎてしまう。シャッターの射程距離は、約2m以内である。アイレベル以下で、構図や止まっている葉の状態など、良い状態のチャンスはほとんど訪れない。活動時間の3時頃から5時過ぎの約2時間でそのようなチャンスは1～2回である。しかも良い場所ほど早く逃げることが多い。止まってから近寄って撮影することなどとても間に合わない。そこで、撮影できる良い葉の場所で、脚立に上がりひたすら待つことにした。待つことしばらく、2～3度のチャンスはあっても撮影するまでにはいたらなかった。突然、別の葉に♀が止まり翅を開きはじめた。待っていた方向とは90度右なので、大きくからだを捩じらせてとにかく写した。その後、脚立の近くの低い場所で♂が止まった。慌てて脚立から降りて何枚か切ることができた（写真①）。写真②は、連写の中の1コマで偶然の産物である。何が起こるか全く予測ができない。これこそ自然を相手の醍醐味である。

（第183号・2013.3.25）

写真①　ウラクロシジミのテリトリー　上齋原　2012.06.26（16時22分）

写真②

野生の一瞬 10

（蛹の割れる音）

岡山の自然第175号に、蝶々歳時記（1）「“幻のチョウ”を求めて」と題して、ベニモンカラスシジミ新亜種発見のいきさつを記している。今回は、この続きについて記すこととする。

1986年2月、（株）文一総合出版からこの蝶の総合的解説書の出版を依頼された。故・白水隆先生と亜種名を記載した種について一冊の解説書を作成してほしいと言う依頼であった。私は驚いたが、このような機会は二度とないと思い、不安を抱えたまま引き受けてしまった。アマチュアの特権で怖いもの知らずである。締め切りの条件を１年引き延ばしてもらい、２シーズンの自然観察を確保した。こうして全文献の収集と野外での観察をすることになった。

5月下旬、新見市長屋の生息地ですでに見つけている約10個の蛹は羽化の時期をむかえ、そのうち♂の多くはすでに羽化して飛び去っている。1986年6月1日午前7時頃、私は新見市の山中にいた。これからは♀の羽化の時期である。残された数個の蛹の中から一つの蛹に的を絞りピントを合わせた。張り詰めた時間だけが過ぎた。そして、午前8時55分雑木林の中で「ピシッ」と、決して大きな音ではないが“野生の一瞬”とも言える音を聞いた（写真①）。この音は、かたちにこそ残ってはいないが、何枚もの写真とともに今でもしっかりと記憶に残っている。この短い時間は、半世紀におよぶ蝶々人生の中でも、最上級の一時であった（写真②は蛹から抜け出た状態で、写真①から約1分経過）。

私は、この時のことを2年後に出版した『日本の昆虫⑪ベニモンカラスシジミ』のまえがきの中で次のように触れている。「私は、この出版を機に、一時期たりとは言えベニモンカラスシジミと生活をともにした。生息地に身をひそめて数時間、“ピシッ”という蛹の殻が割れる音をはっきりと聞いた。力強い自然の営みをまのあたりにし、身の震える思いでシャッターを切り続けた……」

この本を、岡山大学名誉教授の故・守屋勝太先生に差し上げたところ、後日つぎのようなご返信をいただいた。「圧巻は生態の項目、動物学の面白さ、むつかしさ等々を物語って余りある。ピシッという蛹の殻の割れる音を聞かれたということで、大賀一郎博士がハスの花の開花の音を聞いたということと同じ趣きに拝聴し……」というお言葉をいただき大変恐縮と感激をした。残された人生の中で、このような場面にあと何回出合えるだろうか？　（第184号・2013.6.25）

写真①　８時55分ピシッと聞こえた　新見市長屋　1986.06.01

写真②　８時56分　新見市長屋　1986.06.01

国蝶“オオムラサキ”　11

再び、芥子山（標高233m）のことである。芥子山は、四季を通じて山麓から山頂まで特に朝夕のウオーキング愛好者が多い。１人から10人程度のグループまで様々である。そんな中を慎重に車を走らせて一気に頂上まで進む。私にとっては、仕事の途中に気軽に寄ることのできる絶好の撮影ポイントである。オオムラサキは蝶好きの私にとって思い出の深い蝶の一種である。1963年6月30日、新見市草間の山中で小雨の中を私に向かって飛んできた♀の大きさには圧倒された。もう50年も前のことである。

歳時記（５）でも書いているが、芥子山の山頂には時として国蝶と言われているオオムラサキが現れる（写真①・2001.07.16）。県内では中部でよく見られ、発生の盛期は6月下旬から7月の上旬である。芥子山で観察した♂は、遠くから飛んできたものか、芥子山で発生したものかはわからないが、7月中旬にしては比較的新鮮な個体であった。

次にお目にかかったのは、それから10年後の2011年6月27日～7月23日にかけてである。この時は2頭現れて、縄張り争いを展開した。上空７～8mの葉上で目の前の空間を見渡し、キアゲハ、イシガケチョウ、ツマグロヒョウモン、時折ツバメなどの鳥類が通過してもスクランブル発進である。睨みをきかす場所はお気に入りの葉があって、同じ葉に繰り返し止まることが多い（写真②）。上空を滑空する姿は、たかが蝶とは思えないほど恰好がよく見惚れてしまう。

写真②　芥子山　2011.06.27

テリトリーを張っているのは勿論♂ばかりである。この空間に♀が通りかかるのを待っているのであろう。延々とエネルギーと時間をついやしてどのくらいの効果があるのか、その労力対効果をつい考えてしまう。見上げてばかりで首がだるくなるのであるが、それでも次には何が起きるのであろうかと、一向に飽きることがない。

生存競争を目の当りにして、その効果がよくわからない私は何時も思う。自分が羽化した周辺で♀が羽化してくるのを待っていたほうが、どれほど良いことかとつい思ってしまうが、強い個体が残り弱い因子が淘汰され、種の維持を保つ意味が大きいのかもしれない。何時の日か、ここでの再会を楽しみにしている。

写真①　芥子山　2001.07.16

（第185号・2013.9.25）

絶滅危惧I類・ヒョウモンモドキのこと

37年前の1976年7月8日、広島県賀茂郡豊栄町（現在は東広島市）の町道を車で走っていた。なだらかな山間をぬって走る道はまだ舗装はされていなかった。周辺には民家がまばらに点在して田園風景が広がり池も所々にある。蝶を目的に走っていたわけではないが、蝶に良い時期でもありいろいろな蝶が見えた。つい、よそ見をしながらの運転となってしまう。田の畦にノアザミが綺麗な花を咲かせていて、多くのヒョウモンチョウが訪れていた。普通の大型のヒョウモンチョウにしては、少しおかしいと思い車を止めて見ると、何処にでもいないヒョウモンモドキであった。こんなところにもいるのかと少し驚いた。畦にアザミの花が10本あれば7～8本に訪れているといった具合であった。すごい光景であった。何頭か採集した標本が、今でも標本箱の中にある（写真①）。その当時から人気のあったこの蝶は、欲しい方が多く何頭かは希望された方にお分けした。また、所属している同好会でオークションしたりして賑わしたことも今では懐かしい。

以前は、関東地方から中部地方近畿地方西部・中国地方に局所的に点々と生息していたが、近年急激に生息地が消えていった。この蝶の幼虫の食べ物は、マアザミ（キセルアザキ）・タムラソウなどであるから、保全のためには、定期的に草刈りなど適度に人為が加わることで、食草がよく生育できる環境にすることが重要となる。しかし、私たちの活動の変化は、自然の中で生息するヒョウモンモドキの生活をとんでもないスピードで消滅させていった。岡山県では、1980年頃には蒜山高原で毎年見ることができた。出合う度に夢中になって写真に撮ったものだ（写真②）。その場所は草刈りなどの適度に人為が加わり環境が保たれていたが、放置されて別荘が建ち、生息地そのものが消失した場

写真①　（♀）　広島県賀茂郡豊栄町　1976.07.08

写真②　タムラソウの葉裏に産卵
岡山県蒜山高原　1979.07.15

所もある。今では、県内でお目にかかることができない蝶となった。このようにして全国では数千カ所あったと思われる生息地が次々と消失し、現在は広島県東部の世羅台地の一地域にのみ生息していて、その全てが保全の対象となる蝶になってしまった。そして、環境省は平成23年から「種の保存法」でこの蝶を採集することは勿論、これまでに作成された全ての標本の販売と譲渡（友人に無償で譲る）まで罰則を付して禁止した。私は、標本にはほとんど執着しないので、大切にして下さる方には差し上げてきたが、この蝶に限ってはそれもできないこととなった。

絶滅に瀕した野生種を保全することは、自然に対する啓発の上でも必要なこととは思うが、捕獲規制以前に採集した標本まで、その販売・譲渡まで禁止するねらいとは何であろうか？あまりにも過剰な対応のように思う。自然や人為の変化で人知れず絶滅していく種は多くある中で、どうしてもある種だけを公費を使ってまで残そうとすることの是非・意義は、もっと正面から論議を重ねても良いと思う。

今日もこの地球のどこかで何種類か消えていく。記載されていない種が記載命名もされないまま消えていく現状を想像し、このような規制を考えると、なおさらこの感が強くなる。

種の保存法第１条に、その目的が掲げられている。参考までにご披露しておく。

「この法律は、野生動植物が、生態系の重要な構成要素であるだけでなく、自然環境の重要な一部として人類の豊かな生活に欠かすことのできないものであることにかんがみ、絶滅のおそれのある野生動植物の種の保存を図ることにより良好な自然環境を保全し、もって現在及び将来の国民の健康で文化的な生活の確保に寄与することを目的とする」

「ゲンゴロウやミズカマキリ・タガメなどの水生昆虫が昔のように多く生息する環境に戻そう。その環境こそが、私たちにとって最も健康な環境なのです。」と言ったほうが、もっとわかりやすいかも!!

（第186号・2013.12.25）

超希少な蝶となった ウラギンスギヒョウモン

ヒョウモンチョウの仲間は、日本国内で20種近くいる。その中で、私たちが住む岡山県からは10種が記録されている。この内、オオウラギンヒョウモンとヒョウモンモドキの2種が岡山県内から見かけなくなって久しい。8種類が県内に生息しており、大型のもの、小型のもの、模様の派手なもの、地味なもの、♂と♀では別の種類と思うくらい模様と色彩が異なるものなど興味あるグループを形成している。

この中で、ウラギンスジヒョウモン（裏銀筋豹紋）という蝶がいて、私はここ十数年間目にしていない。ヒョウモンチョウの仲間は、翅の模様がよく似ているので飛翔中は見分けにくい。今では、ヒョウモンチョウの仲間が花に止まっていると、いつも、「もしかして」と思って見る蝶の一種になってしまった。写真は、1990年6月23日、日応寺の湿原の周辺でオカトラノオの花に訪花したとき撮ったものである（写真①）。この時でさえ慌てて少し距離をおいて撮影したことを覚えている。翌年の1991年6月22日にも見ることができた（写真②）。このほかでは、岡山昆虫談話会の調査で現在赤磐市弥上の工悦村を訪れた時に♀を見かけたくらいである。以後、私は見かけていないが、本気で調査をした上でのことではなく、ある程度決まった私の行動範囲内のことである。

写真①　日応寺♀　1990.06.23

見る機会が少なくなった原因として考えられることは、生息場所が他のヒョウモンチョウとは微妙に異なるのではないかと思っている。林の間にある、あまり広くない空間といったイメージのような気がする。兵庫県の南部での情報だと、あまり人が観察に行かないような狭いところにいたと言う。そこで見た蝶は全部ウラギンスジヒョウモンであったと伝えている。これからは考え方を変えて、「たぶんいないだろう」ではなく、「きっとどこかにいる」との思いで探してみたいと思っている。アッと言う光景が待っているかもしれない。　　（第187号・2014.3.25）

写真②　日応寺♂　1991.06.22

“チョウの神様”
白水 隆先生追想

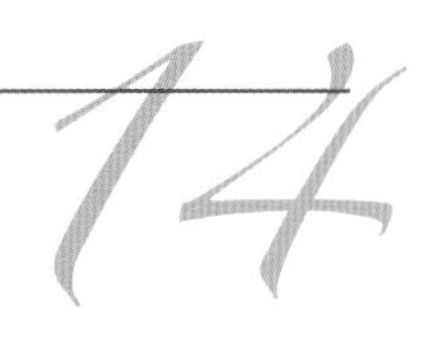

故・白水 隆先生（1917～2004）は、九州大学教授を1981年に退官され名誉教授になられた。国際鱗翅学会・日本鱗翅学会・日本昆虫学会の各会長を歴任され、生前からすでに「チョウの神様」と言われていた。2004年4月2日享年86歳でご逝去、本当に「チョウの神様」となられた（写真①）。

先生は、日本の戦後の蝶界を力強く牽引されてきた方のお一人であった。蝶に関わる多くの方々は、何らかのかたちで先生の影響を受けてきたと思う。葉書や手紙で直接指導を受けた方、先生の著された図鑑類から影響を受けた方々を含めると、ほとんどの方が多かれ少なかれ先生と関わっていると言っても過言ではない。私は、1972年5月13日に九大で初めてお目にかかることができ、以来、亡くなられるまでの33年間ご指導をいただいた。最後にお会いしたのは2003年10月19日、福岡の自宅に先生を訪ねた時である。ここのところ先生はご健康を崩しておられたとのことだったが、この日は体調が良いとのことで、先生が出版された「日本産蝶類文献目録」にサインをお願いした。亡くなられる半年前のことであった。

先生は、九州大学の教授である一方、アマチュアに対して分け隔てなく対等に接してくださった。私たちアマチュアのほとんどは、趣味としていろいろな形で蝶と取り組んでおり、その関わり方は人それぞれ実に様々である。そのアマチュアのバックには常に先生の存在があって、失礼な言い方かもしれないが、「わからないことや疑問があり、ご指導を受けたい時には何時でもそこに居てくださる」といった感じである。それは、大変大きな力であり、安心感であった。そして、何よりも常にやる気を起こさせる導き方をしてくださった。少なくとも私はそのように感じていた。

以前から、そのような先生のアルバムが欲しいと思っていた。亡くなられてからは、その思いが一層強くなった。もう少しで一周忌となる2005年2月27日、妻とお墓参りに福岡のご自宅を訪ねた。奥様に「先生の追悼アルバムを作成するという話は出ていませんか？」と聞いたところ、「そのような話はない」とのことであった。その後も先生のアルバムが欲しいとの思いは消えることがなかった。2005年11月12日、日本鱗翅学会の第52回大会が藤沢の日本大学で開催された。この時、蝶友の淀江賢一郎さんも参加されていて「白水先生のアルバムが欲しいね？」と話しかけ、12月に電話で相談をしたことから、一気に進むこととなった。凄いことに挑戦することになった。自分から仕掛けたことで自業自得ではあるものの、欲しさが先走って「怖いも

写真①　朝日新聞のカメラマン大野清さんが1984年に撮影。アルバムの大扉に掲載したサイン入りの肖像写真。

の知らず」とはよくいったものである。

2006年4月1日、「白水隆先生を偲ぶ会」（三回忌）が福岡で開かれた。その時、当時九大教授の矢田脩先生を委員長に編集委員会が発足し、あとは自分の役割を果たすだけとなった。全国の白水ファンから来る写真や葉書・手紙などの資料が数千点集まった。時には一級の資料が送られてきて胸を躍らせた。その受け付け・スキャンと保存・整理・返送が私の主な役割である。それから約1年半、本業とアルバムの作業に明け暮れ、無我夢中で過ぎ去った。紆余曲折、山あり谷あり、産みの苦しみの中、淀江さんの強力な牽引のもと、2007年6月4日（むしの日）の発行を目指した。矢田脩編集委員長が全体を纏め、一日千秋の思いで待ったアルバムが2007年8月30日、遅れに遅れて完成した（写真②）。

夢が現実となり、諦めなければ夢は叶うことを実感した。A4版368頁、発行者は「白水隆文庫刊行会」約4cmの堂々たるアルバムとなった。中でも真骨頂は、副題に「日本蝶界の回想録」と銘打っている通り、先生を中心とした略年譜は1690年に始まり2006年まで約300年間の日本蝶界の主な出来事で綴られ、このアルバム発行の意義を格段に高めている。一人でも多くの方に一読していただきたいと思っている。

私はこれまで著作物を何冊か出版しているが、先生のアルバム発行に関わり、自分の出版物では到底味わうことのなかった新鮮な心地よさを感じてきた。生まれて初めて経験する感情で、それは誠に穏やかな、深い充実感であった。上手く表現できないが、7年経った現在でも続いている。先生は、天国に行かれても自称門下生と思っている私たちに、今も影響を与え続ける偉大な先生であった。　　　　（第188号・2014.6.30）

写真②　ケース表紙

15 金緑色のチョウ “アイノミドリシジミ”を撮る

蝶の中に“ゼフィルス”と呼ばれているシジミチョウのグループがいる。私たち蝶好きの中でどれも興味ある蝶たちである。日本国内では24種いて、岡山県内では22種が記録されている。その中の多くは翅の表の色が緑・青・金緑色に輝きそれぞれが独特の美しさを装う。これらのグループの♂は、ほとんどが上空で活動する。特にアイノミドリシジミは、活動中ほとんど低い位置には降りてこない。活動中に上空から写真をとることは、よほどロケーションが良くないとできることでない。ほとんど諦めているのが現状である。

ネット上で見るものは、翅を閉じているものや羽化直後の新鮮な個体が下草の葉上で日光浴をしている綺麗な写真である。こんな写真も勿論撮りたいが、本当に撮りたい場面は縄張り争いの真っ最中に葉上に止まり、上空の空間に睨みをきかしている時の一瞬“ピーン”と張り詰めた時の姿である。樹上で縄張りを張り空間で仲間と卍飛翔や追飛をくり返し舞い戻った♂が葉上に止まる。ほんの少しの間その空間に飛ぶ蝶はいなくなる。しかしその少しの時間は、凛と張り詰めた時空でもある。葉上の♂は、臨戦態勢のまま再び空間に進入する♂を待ちスクランブル発進をする。その一瞬の姿をどうしても撮りたい。活動時間は朝早く、午前6時半頃から8時半頃までであるが、当日の天候によって多少異なる。

2013年7月6日午前6時半頃、真庭市の朝鍋鷲ヶ山の撮影現場に到着した時は、ほぼ絶望的な雨の降り方であったが、山の天気は誠に気まぐれだ。7時半頃になり雨は止んで朝日が射し始めた。葉上は全部びしょ濡れである。一喜一憂刻々と天候が変わった。あんなに激しく降っていた雨もすっかり治まり、時折小雨が降ったりやんだりの状態が続いた。いよいよアイノミドリシジミの出番である。前方の上空からどこからとなく現れて目の前の空間を飛び始めた。数頭の♂が縄張りの空間を支配するための飛翔活動が始まった。朝日に輝いた黄金のチョウが、リズムよく揺れるように飛び交う光景だ。次第に近くに止まり始めたが、5mより近くには来ない。時間が経過するにつれ、射程距離の範囲に入ってきた。小枝に隠れるように近づいて見るもののなかなか近寄らせない。そこで、1ｍくらいの距離で自分の前に小枝を挟んで隠れるように待った。よく止まる葉上は手を伸ばせば届きそうな斜め下にある。そこに両腕を伸ばして液晶画面を見ながらシャッターを切る。

お膳立ては出来上がった。千載一遇のチャンスは何回あるのだろうか？きっと１回あるかないかであろう。そんな１回に一発で決めなければならない。張り詰めた時間だけが過ぎる。チャンスは7時58分に訪れた。ねらっていた葉上に止まり、ほんの少し歩いて向きを変え何時ものように戦闘態勢である翅を全開にして金緑色を見せつけた。カメラを出しながら撮影の位置を決め、シャッターを押すまでの数秒間は「そのままそこに居てくれ」と祈るような気持ちであった。良さそうなカットは2カットで飛び去った。後は眼と翅にピントが合っているかどうかだけである。再生して見ると、隠れていた小さな枝の葉は前でボケ、その他の構図もバランスの良い、私にしては出来過ぎの一枚となった。

この写真は、確かに私が撮ったことには違いないが、撮友の協力なくしては、決して撮れなかった。いや、協力ではなく「ほとんど撮らせていただいた」と言ったほうが適切である。撮友からは、何年にもおよぶ観察から得た撮影場所と、撮影時の心がけまで教わった。その撮友は、愛媛県に在住の小笠原氏である。私は教わったことを忠実に実行したまでである。私よりも若いが、撮影術の先生である。もう感謝、感謝しかない。

その後、時間が経過するとともに止まる場所が近づいてきたが、ロケーションはあまり良くない。テリトリーを張っていた空間の底部はすり鉢状に狭くなり、底部は2～3坪程度で低い雑草が生えていた。最後は、なんとその底部に降りて翅を開いたのである。一瞬我が眼を疑った。継続的に観察していると全く予期しないことに出合うことがある。何時もは、ただ見上げて見るだけの蝶の、驚きの一場面であった。

（第189号・2014.9.30）

葉上でスクランブル姿勢をとるアイノミドリシジミ♂　2013.07.06

初夏のグリーンシャワー公園 16
（蝶の園の2日間）

2012年6月2日、午後から運動を兼ねて蝶々散歩と洒落た。この時期はイボタを食樹とするウラゴマダラシジミ（ルリシジミの約2倍程度の大きさ）が出ているかもしれないと、期待してのことである。入り口から少し行くと大きなウツギの木が2本あって、何れの木も白い花を満開にしていた。その周辺は、虫たちが飛び交い、さながら舞踏会状態であった。私は蝶しか知らないので、自然と蝶に目がいく。ウツギの花で吸蜜していた蝶は、ヒメウラナミジャノメ・アサマイチモンジ・イチモンジチョウ・ホシミスジ（写真①）・キタテハ・モンシロチョウ・ヒメキマダラセセリ・イシガケチョウ（写真②）・アオスジアゲハ・コジャノメ・テングチョウ・ヒカゲチョウで、その他、ウツギでの吸蜜は確認できなかったが、ウラゴマダラシジミとモンキアゲハはウツギの周辺を定期的に飛んでいた。ミズイロオ

写真①　ホシミスジ

写真②　イシガケチョウ

ナガシジミも近くの葉上にいた。スズメバチが多く訪れていて、イシガケチョウやその他の虫を追い払っていたが、その中でもイシガケチョウが追い払われる場面は何回も見た（写真③）。またホシミスジが一番多く、ヤマサナエの♂に捕獲されていた場面も観察した。近くに発生地があるものと思われる。ウツギを中心として、虫たちの世界が展開されており、飽きることがなかった。イシガケチョウは♂と思われる個体が♀を探して定期的に周回していた。また、近くの小川では、吸水にきている個体も数頭確認できた。モンキアゲハは、周辺を飛び回り、時折日陰になっているアザミの花で吸蜜していた。約２時間程度の時間で、ウツギの花を取り囲み15種の蝶の観察ができた。良い写真も撮れて気持ちよく帰途についた。グリーンシャワー公園の駐車場のトイレにイシガケチョウが1頭吸水にきて私の足元にまとわりついた。写真に撮りたい時には逃げたり隠れたりするのだが、思わず笑ってしまった。

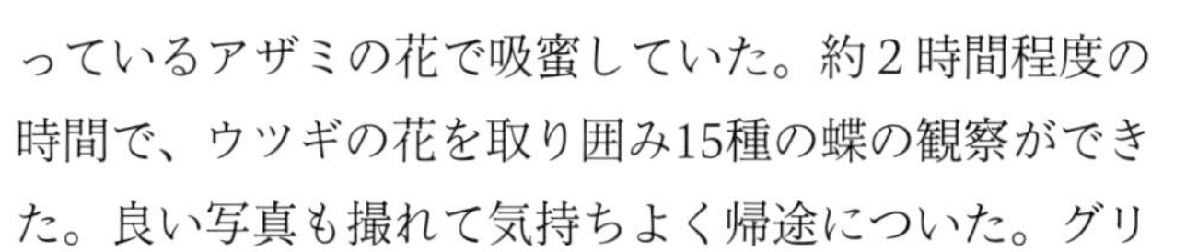

写真③　スズメバチに追い払われたイシガケチョウ

翌日、2012年6月3日、今日は午前中に訪ねてみた。蝶の数は少なかったが、モンキアゲハは、日陰のアザミの花で吸蜜していた。ウツギの花には、相変わらずホシミスジが多い。時折、上空をイシガケチョウの♂が独特の飛び方で樹幹に消えていく。先日は見なかったメスグロヒョウモンの♂が訪れた（写真④）。しばらく撮影していると、カラスアゲハの♀もウツギの花にやってきた（写真⑤）。長い間蝶の写真を撮ってきたが、カラスアゲハやミヤマカラスアゲハの♀に出合い、しかも写真に撮れるチャンスは決して多くない。しかも新鮮な個体となるとなおさら少ない。今日は、カラスアゲハ♀・メスグロヒョウモン♂・ルリシジミ♂・ナガサキアゲハ♂・スジグロシロチョウ・ウラギンシジミの6種を追加して、合計21種となった。

目的のウラゴマダラシジミは撮影できなかったが、ウツギの花を中心にして、21種の蝶たちやいろいろな生き物が、そこで繰り広げる様々なドラマを目の当たりにした２日間であった。虫たちの種類を認識して継続観察をしていると、時間の経過とともにそれまで見えなかった行動が見えてくるから面白い。　　　（第190号・2014.12.25）

写真④　メスグロヒョウモン♂

写真⑤　カラスアゲハ♀

ハヤシミドリシジミを撮る

17

蝶の中に“ゼフィルス”と呼ばれているグループがいることは、以前にも触れている。私たち蝶好きのものは、どれも興味ある蝶たちである。この歳時記（2）・（9）・（15）がその仲間である。その中の多くは、♂の翅の表面の色は名前の通り緑色に輝く。その輝きの色合いが、種によって僅かに異なる。この色合いも種を区別する重要な要素となっている。私たち写真を撮っている多くの人は、その微妙な色の違いをできるだけ忠実に表現しようと、毎年飽きることなく棲息地に出かける。思い描いている構図に思いを馳せて、じっと待ち続け、やっと訪れたチャンスにシャッターを切れても、多くの場合は納得できる写真が撮れないままその年が終了してしまう。ピントと構図、露出も問題ないのだが、肝心要の色合いが出ないのである。ストロボを使って、撮る角度などいろいろ工夫をするのであるが、満足できる色はなかなか出ない。写った色は別の種類の蝶になっていることが多い。そのうえ、新鮮な個体の写真となると、チャンスは年に1週間あるかないかである。天候を加味すると土日しか行くことができない場合は、来年になってしまう。私は、仕事柄平日に行くことも可能なので一つの種にたいして何日かのチャンスがあるが、それでも宿題になっている種類はまだ多い。

若い頃は天気の良い日に出かけていたが、撮影のチャンスは雨の止んだ一時の薄日が最も良いことを知った。特に蝶の撮影の時期は梅雨の時期と重なり雨の日が多いが、撮影のチャンスは格段に多くなる。

2012年7月5日、鏡野町恩原高原に行き、早朝から下草に降りている蝶を探してまわった。小雨が降ったり止んだりしていた。時たま薄日が射す撮影には最高の天気模様であった。撮友小笠原さんの言った通りの願ってもない日である。あとは撮影の対象を探すだけとなったが、チャンスのないまま時間だけ過ぎていく。時計はもう10時半を過ぎていた。目視で探していると、タニウツギの葉上に今日羽化したと思われる♂がいた。止まっている周辺のロケーションはまずまずであった。あとは翅を広げる時を待つのみである。偏光フィルターを回して葉のハレーションを抑えた。待つこと数十分、薄日が射してきた。約1mの距離で姿勢を決め、撮影の状況を想像して待っていた。11時過ぎ、目の前で深いブルーに輝く翅を全開にした光景を目にすると、その鮮やかな深いブルーに目を見張った。角度を少しずつ変えながら撮り終えた。この種の写真の中では、やっと満足する写真となった。次はテリトリーを張っている勢いのある写真を撮りたいと思った。

（第191号・2015.3.30）

羽化後、タニウツギの葉上で翅を全開にする♂

大自然の愛

2012年7月5日、前号（17）と同じ日、恩原高原でのこと。ハヤシミドリシジミの写真が撮影でき少なからず意気高揚していた時、偶然ヒメシジミのロマンスに出合う。ススキの葉に止まった♀の上を執拗に飛び回っていた♂がいた。♂はしばらくの間♀の周辺で「俺をもっと意識しろ」と言わんばかりに飛び続け、その後ススキの葉上に止まった。♂♀ともに新鮮な個体で、良い写真が撮れるかもと思い、何があってもシャッターが切れるように構えていた。

♂は♀の後で翅を震わせながらアピールに懸命、♀は逃げることもなく時間だけが過ぎる。しばらくして、ほんの少しの距離を隔てて♀と向かい合いその距離はますます接近し、写真のように顔を突き合わせた。そのまま時間だけが過ぎる。まことに微笑ましい光景であり、「しっかりしろよ」と応援したくもなる。通常はこの後♂は♀の横に並び交尾の体勢に入るが、♂は飛び去り、ススキの葉上には♀だけ残った。成就叶わず……。

いったい何がいけなかったのであろうか。写真を見ると尚更その感が強い。小さなシジミチョウが大自然の中で人知れず繰り広げているドラマの一幕を見て、何とも言えない可愛らしさ、愛しさ、切なさを感じた。写真の場面が長く続いたのはどのような意味があったというのか。自然界には無駄な行動はほとんどないと思う。このように考えると小さな蝶の行動も何か意味があるものと思い、ますます興味がわいてくる。

懸命にアピールする行動は、種により実に様々だ。熱帯に生息する鳥の中で派手なダンスをして♀の気を引く場面をテレビで目にする。蝶は、それほど複雑かつ激しくはないが、飛びながら♀の周辺をグルグル回ったり、斜め上でヘリコプタのーようにホバリングし自分の姿を見せつけることもある。

小さなシジミチョウでさえ、自分のDNAを残すため懸命にアピールする。♂は羽化してから僅かの期間（種によっては10日程度）を、このアピールと交尾のためだけに生きていると言って過言ではない。

（第192号・2015.6.30）

ヒメシジミの♂(左)と♀　恩原高原　2012.07.05

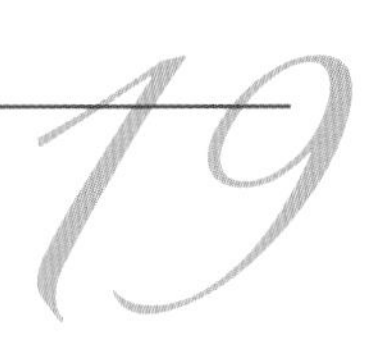

ギフチョウの思い出

写真①　ミヤコアオイへの産卵　2005.04.22

“ギフチョウ”は、日本にだけ生息しているアゲハチョウの一種で、サクラの咲く頃現れる。蝶好きな私たちは、毎年飽くことなくギフチョウに会いに行く。蝶の一年はこの蝶から始まり、春の風物詩ともなっている。

40〜50年前は岡山県内で確実に見られる生息地が何箇所かあったが、30〜40年前頃から徐々に減少してきた。岡山県内で唯一天然記念物に指定されている旧真庭郡川上村の発生地は、1959年指定当時「蒜山中学校の校庭が黄色になるくらい飛んでいた」と言われるくらい多かったと言う。現在では、国と県の絶滅危惧種に指定されている。湯原でギフチョウを確認したのは1974年の4月、もうかれこれ40年も前のことで遥か遠い思い出となった。その日は風があったが、その風に逆らい力強く飛翔するギフチョウの姿を今でもはっきりと覚えている。その後、兵庫県産のギフチョウを津山で放蝶する問題にも遭遇した。今では岡山県北東部に毎年確実に見られるところもあるが、前々からいた産地かどうかの疑いがどうしても残る。

1985年から有志と保護活動をしてきた奥津の生息地も、ここ数年は確認ができていない有様である。まことに残念としか言いようがない。写真①は、2005年4月22日の撮影で、この頃はまだ多くの母蝶が至る所で産卵をしていた。写真②は、2011年5月11日に撮影したヒメカンアオイの葉裏に生まれたギフチョウの卵である。この卵を最後に現在まで確認できていない。

以前は奥津一帯に生息していたことが多くの記録に残っている。それぞれの生息地で発生した個体が、山の頂上に集まり交流していたのであろう。その後、圃場整備により幼虫の食草であるミヤコアオイやヒメカンアオイが多く自生する山の裾野まで大きな機械が入り、裾野の形態を画一的に整備して上土の形状を変えてしまった。こうして発生地の多くが失われていった。僅かに逃れた場所においても草刈などの人手が入らず放置されて食草が減少した。こうして、一つ一つ産地が消滅していき、産地間交流もなくなり最後の一ヶ所も消滅してしまったと考えられる。いわゆる絶滅のシナリオである。放蝶の問題も抱えながら、岡山県産ギフチョウの行方はますます前途多難である。　（第193号・2015.9.25）

写真②　確認できた最後の卵　2011.05.06

曹源寺のバイカウツギ 20

写真①　満開のバイカウツギ　2012.05.18

ここは、岡山藩主池田家の菩提寺である曹源寺（岡山市円山)。ここに大きなバイカウツギ（梅花空木）がある。ミカドアゲハが飛来してくる姿を見ようと待ち受けている。ウツギの木は5月上旬の咲き始めから中旬にかけて全体を白い花で蓋いつくし、蝶をはじめいろいろな虫たちが好んで集まるオアシスとなっていた（写真①)。

アオスジアゲハはすでに飛んでいたが、ミカドアゲハはまだ訪れていなかった。アオスジアゲハは時間とともに数を増し、時には十数頭が花の上空を乱舞した（写真②)。ここでの主役はやはりアオスジアゲハであろう。ミカドアゲハも時間とともに数を増すが、これまで一度に確認できたのは最大5頭であった。岡山県下では珍しさもあって、私にとっては別格の主役であり、毎年この時期になると引きつけられるように来てしまう。写真③は吸蜜にきたミカドアゲハ、この他の蝶はカラスアゲハ、モンキアゲハ、ナガサキアゲハ、アゲハチョウ、ジャコウアゲハ、ツマグロヒョウモン、イシガケチョウ、テングチョウ、ゴマダラチョウなどがこの花の客人。

あれだけ華やかに、せわしく飛び交っていたかと思うと、急にほとんどの蝶がいなくなり、ひと時の静寂が訪れる。しばらくすると先ほどと同じよう光景が繰り返される。心地よいリズムとでも表現するしかないが、午後3時頃まではこれの繰り返しである。同じ種類、ある時は別の種類も参加して十数頭の大乱舞・大追跡となり上空を彩る。気温が25℃を超えると活発さも一段と激しさを増す。時には、アオスジアゲハの♂がミカドアゲハの♀に近寄って、間違った求愛をする光景も目にする（写真④)。写真⑤は、ミカドアゲハ同士の求愛である。

そんな中、思わぬ光景を目にした。少し前からオオスズメバチが一頭飛び交っていた。そのオオスズメバチが何か大きなものを抱えてウツギの花からずり落ちた。よく見るとアオスジアゲハを捕獲して抱えていたのだ。あまりの重たさに雑草の中に落ちてしまった。ゆっくりと飛び立っていったが、とっさのことで撮影はできなかった。モンシロチョウ程度の大きさならあまり驚かないが、アゲハチョウの大きさでも蜂に持って

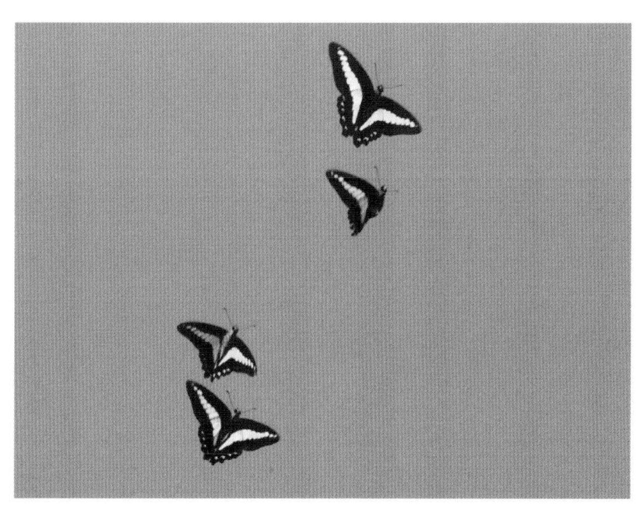
写真②　上空で乱舞するアオスジアゲハ　2013.05.12

写真③　バイカウツギを訪れるミカドアゲハ　2013.05.18

いかれるとは、初めて目にする出来事であった。“花に舞う蝶”としてゆっくり遊んでいるように思われるが、蜜を吸っている時でさえ、命をかけているのである。

この1本のウツギの花をめぐり、咲き始めから咲き終わるまでの約2週間、どのようなドラマがどれくらい起こるのであろうか。張り付いて全部を見たい。想像するだけでワクワクする。(第194号・2015.12.25)

写真④　ミカドアゲハの♀に間違って近寄るアオスジアゲハの♂　2012.05.19

写真⑤　ミカドアゲハの求愛　2012.05.19

21 初冬の蝶たちが集う ホットスポット(その1)

ムラサキツバメと向き合ったのは、今から約50年前のことである。当時、岡山県内でムラサキツバメを採集すると新聞記事になるような時代であった。「倉敷の浅原で記録はあるが、食樹のシリブカガシが見つからない」という噂を聞き、ムラサキツバメの食樹とされるシリブカガシの分布を調べた。成虫の記録がある総社市の豪渓には、いたるところにシリブカガシの林があった。また、岡山県下では豪渓以外でも何カ所かシリブカガシの記録があり、後日その中から新産地を見つけた場所もある。豪渓では、シリブカガシの分布図を作成して、これが私にとって初めての報文発表となり、倉敷昆虫同好会会報「すずむし」通巻89号(1963)に掲載されたことは、今でも懐かしい思い出の一つである。ムラサキツバメは成虫で集団越冬をすることがよく知られている。発表以来、その光景を一度は見てみたいと思っていたが、本気で調査をしたことはこれまでなかった。時は流れて何時の間にか50年が経っていた。

前置きはこのくらいにして、今回は、初冬にいろいろな色彩と模様を身にまとい、森の中のごく狭い一角で織りなす蝶たちの風景である。これらの蝶に共通することは、どの蝶も成虫で冬を越す蝶たちで、11月頃から12月にかけて暖かい日には体を温めるため日光浴をする。入れ替わり現れる風景は、蝶たちが織りなす綾とりのようでもある。それは、何回訪れても飽きることがない。新しい局面が次々と展開されて自然界の不思議に魅了されてしまう。

写真① 蝶たちのホットスポット 2013.12.01

その蝶とは、思い出の多いムラサキツバメをはじめ・ムラサキシジミ・テングチョウ・イシガケチョウ・アカタテハ・ウラギンシジミなどである。今日は2013年12月1日で快晴。スポット状に陽の当たる場所は、岡山市北区下牧にある神社境内の一角。常緑樹と竹林が

写真② イシガケチョウ 2013.12.01

写真③ テングチョウ 2013.12.01

写真④
ムラサキシジミ　2013.12.04

写真⑤　ムラサキツバメ　2013.12.01

写真⑥　アカタテハ　2013.12.08

接したごく狭い場所で、境内を取り巻く常緑樹の間を縫って射し込む光が、竹林の中に小さな円形となって明るく照らしていた。その場所は、直射の当たらない林床の一部がスポットライトを当てたように丸く輝いていた。陽の当たる場所は、時間の経過とともに刻一刻と変化する。その僅かな時間にその場を譲り合うかの如く去っては次の蝶が訪れる……と言った様子である。越冬する蝶たちにとって体温を上げることは最も重要なことに違いない。僅かな場所を奪い合うのでなく、入れ替わりながら極度に密度を上げることなく、スムーズな交替がされているように感じた。それはリズムのように心地よく感じられるほどの時空の流れであり、スポットライトのごとく陽の当たるこの場所は、冬をむかえる蝶たちのホットスポットであり、約1億5,000万kmも離れた太陽から届いた光を、わずか3〜5cmの小さな蝶が命を繋ぐために受けている「ゆりかご」でもあった。

それから１週間後に、長い間見たいと思っていたムラサキツバメの集団越冬を見ることになる。

（第195号・2016.3.25）

22 初冬の蝶たちが集う ホットスポット（その2）

2013.12.07　気温は14℃と少し高かった。現地に到着したのは、いつもより遅く午後1時前であった。日差しは移動していて、蝶たちがよく現れる場所はすでに日陰となっていた。近くのイヌビワに陽が当たり、時折吹く風に揺れていた。突然、ムラサキツバメと思われる蝶が1頭せわしく周回してきた。そのうち2頭となり、間もなく10頭近くがイヌビワの周りを活発に飛び回った。時々、イヌビワやアオキ・竹の葉に止まり翅をいっぱいに広げて体温を上げていたが、周辺を多くの仲間が飛び交うので同じ場所に長くはいなかった（写真①)。写真を撮るにも1シーンに2〜3枚シャッターを切れれば良いほうであった。このような光景が20分くらい続き、気が付くと1頭も見えなくなっていた。

きっと近くに冬を越すため集団を形成している良い場所があるはずだと思ったが、それも半信半疑であった。集団を形成する場所は、風の影響を受けない、地上1〜2mの範囲と思い込んでいた。

上空を飛ぶものも多かったためか、何気なく高いところを見回したところ、ツバキの葉の上に黒い塊が目に入った。4〜5m上で陽の当たらないところであったためよく見えなかった。まさかと思ったが写真に撮り拡大してみると、ムラサキツバメの集団であった（写真②)。この習性はよく知られたことであるが、この岡山の地で一度は見たかった風景である。感激のあまり幾度も見直し、シャッターを押す指にも自然と力が入った。

その後の観察によると、気温10℃前後が続き、集団から出入りする個体を観察した。集団の個体数は最大22頭までふくらんでいった。23日まではその状態を確認したが、この集団は31日には「きれいに消えていた」と撮友の岸清巳さんは言う。いったい何があったのか。そして、集団を形成する意味は何か。新たな越冬集団を求めて2014年と2015年が過ぎたが、これまで再確認はできていない。

（第196号・2016.6.25）

写真①　アオキの葉上で日光浴をするムラサキツバメの♀

写真②　ツバキの葉上で発見したムラサキツバメの越冬集団

スギタニルリシジミを撮る

23

ルリシジミによく似るが、まったくの別物。ルリシジミは１年に数回世代を繰り返すが、スギタニルリシジミは１回の発生にとどまる。春一番に羽化することから、私たち蝶好きのものは、その年の活動がこの蝶からはじまると言って良い。有名なアゲハチョウの一種にギフチョウがいるが、生活環はほとんど同じだ。蛹で越冬し、１年に一回だけ春一番に羽化する。スギタニの名は、日本の蝶の有名な研究家、故杉谷岩彦氏に因んで名付けられた。毎年、この時期になると一度ならず車を走らす。♂は午前中地上に降りて吸水することが多い。生息地は、幼虫がトチノキの花を食べることから、おのずからトチノキが自生する場所に限定される。トチノキは、主に県北山間部の谷間に多く自生しているが、年々伐採されて行くたびに生息範囲は減少して行く。

いつも観察に行く生息地は、苫田郡鏡野町上齋原地区の宮ヶ谷で、恩原湖近くのごく狭い範囲である。トチノキが自生する山間の谷間で人知れず出現して、次は1年先の4月まで見ることはできない。一般の方々は、まず目にすることのないシジミチョウの一種だ。写真①は、吸水している♂の裏面で、自然の中に見事に溶け込んでいる。写真②は翅を開いた♂で表の色は深いブルー色。

写真②　翅を開いたスギタニルリシジミ♂　2014.05.03

県境の辰巳峠を越え、鳥取県側に入ると環境が一変し、トチノキ林が続く。そこでは今でもかなりの個体数が発生して、キブシの花で吸蜜する姿が4月の下旬には簡単に見られる。40年以上も前のことであるが、見上げたトチノキ林の空間に、無数の本種が桜吹雪のように舞っていた光景が今でも鮮明に残っている。少なくなったとは言え、ここでは今でもかなり発生している。残念ながら岡山県内ではこのような環境は見当たらない。県北部に点々と産するが、このようにまとまったトチノキ林はすでに無いようである。私は郷土、「岡山の蝶」を撮っているので、個体数が少なくても岡山県内である宮ヶ谷での撮影にこだわってきた。宮ヶ谷は、貴重な生息地の一つと思う。私も古希を迎え、あと何回会えるだろうか？

（第197号・2016.9.25）

写真①　吸水しているスギタニルリシジミ♂の裏面　2014.05.03

ジョウザンミドリシジミを撮る

ミドリシジミの仲間は、ゼフィルスと称されすでに何種類か紹介してきた。岡山県内からは22種が記録されている。それぞれの発生時期・場所・習性などが異なり、撮影方法もおのずから変わってくる。すべての種が１年に一回5月下旬から7月にかけて発生する一つのグループを形成している。和名の由来は、札幌に近い“定山渓（ジョウザン）”に産するミドリシジミの意味。

この蝶は、活動場所の高さが他の種に比べて低く、撮影のチャンスは比較的に多い。あとはいかに近寄るか、構図は良いか、背景は、個体の新鮮度など、撮る度に思い描く要求のレベルが高くなる。撮影の機会が多い割には満足できる写真がなかなか撮れない。こうして飽きもせず、毎年このシーズンになると、吸い寄せられるように生息地に向かう。

朝7時30頃になるとどこからともなく現れ、林縁沿いの小さな空間で数匹の個体が縄張りを始める。次第に個体数を増し、多い時は10匹くらいが飛び交うので誠に忙しい。2匹が絡み合い卍飛行を繰り返す姿をあちこちで見る。葉上にもよく止まり翅を全開にする。先方の空間を見張り、他の個体が侵入するとスクランブル発進して追い払う。撮影に適した場所に止まると、シャッターを押す前に決まって邪魔が入って飛び立ってしまう。撮影を楽しんではいるが、相当にストレスがたまる。個体数は少なくても、新鮮な個体が2～3頭の方が良い写真が撮れる確率ははるかに高い。活動している個体は全て♂で、翅の表は青緑色、♀は茶褐色で目立たない。

撮影のポイントは1m以内に近づくことであるが、な

写真①　朝鍋鷲ヶ山　2013.06.29

かなか容易ではない。30分1時間と同じ個体を驚かすことなく接しているうちに、レンズの先端が蝶に当たるほど接近しても逃げることはなくなっていく。不思議なことであるが、小さなシジミチョウも警戒のレベルを下げるようだ。究極は指の先に止らすこともできてしまうから驚きだ。私は他の種では幾度かしているが、このシジミチョウのような敏感な蝶ではまだ経験がない。

ところが、これを見事にやってしまう撮友（私の師匠）がいる。しかも度々である。師曰く「蝶が警戒している間は決して近寄ってはいけない。受け入られるまで待とう」また、「蝶の気持ちになって、会話をするようにやさしく」とも言う。そして究極は、「接近して撮影が終わっても、その蝶はそのままそこにいる。何事もなかったように去るのが一番良い」とも言った。すでに神がかっているとしか言いようがない。私は蝶に関わって50年をとっくに過ぎているが、そんな芸当はとてもできない。（第198号・2016.12.25）

写真②　朝鍋鷲ヶ山　2013.06.30

写真③　朝鍋鷲ヶ山　2013.06.28

珍蝶・ヒサマツミドリシジミ 25

ヒサマツミドリシジミは、鳥取市の標高263mの久松山（キュウショウザン）において世界で最初に記録され、1935年に蝶界にデビューした。ヒサマツの名前は、キュウショウをヒサマツと読み替えた名である。今から80年以上も前のことであるが、蝶の仲間の中ではむしろ新顔である。新種記載後に近隣の各県から記録が出てきた。岡山県からは長いこと発見されなかったが、ようやくにして1984年に岡山県森林公園で、引き続き加茂町・奥津町・新見市と記録されている。

この蝶は、ウラジロガシが主食樹であるが、それが判明するまで大変長い年月がかかった。食樹がわかると卵採集のためウラジロガシをチェンソーで根元から切り倒すなど、マスコミでも報道され世の中を騒がす場面もあった。卵の主な産卵場所が大木の頂上付近にある越冬芽に多いからだ。

また、成虫の生態の概要においても、他のミドリシジミ類がほとんど解明されている中で、ヒサマツミドリシジミだけ不明なところが多かった。ところが、この問題に正面から密着調査をしているグループがいた。とんでもない労力と時間をかけて、現場での観察を写真と文で記録。新種記載から80年が過ぎて、ようやく生態の全容が明らかにされようとしている。発表された内容を見て驚いた方は多いと思う。その矢先に、その会の中心人物が調査中に突然逝去された。懸命の調査が原因とも思ってしまうが、ヒサマツミドリはそれほど私たちを魅了してやまない。

岡山県内では、確実に見ることができる場所は見当がつかないので野外での撮影は、ほぼ諦めていた。ところがチャンスは突然思いもよらないところで訪れた。

2015年6月30日、真庭市の一角にアイノミドリシジミを撮りに行った時のことである。自宅を午前4時半頃出発して、7時頃到着したときは曇っていた。今日はだめかと待っていたところ、30分頃から晴れて50分頃には活動をはじめた。それから8時30分頃まで目的のアイノミドリシジミ♂のテリトリーを撮って楽しんだ。そして32分、近くのウツギの葉上にアイノミドリシジミの♀を発見して、最後を飾ってくれた。大いに満足しているところ、直後にとんでもない蝶に遭遇した。

先ほどアイノミドリの♀を発見して10分後の42分、すぐ近くのウツギの葉上に目を向けると、ミドリシジミの♂が翅を全開にして止まっている。私からの距離は2～3m。蝶の種類は確定できないまま近づき、1mくらいの距離からとにかくシャッターを切った。何枚か撮るうちに「おかしい、何かが違う」「ここで見ることができる種ではない」種類が確定しないのだ。ヒサマツミドリシジミは選択の範囲外であるものの、前翅の先端の黒い縁取りから「もしかして、ヒサマツ？」思ったが、とにかくピントの合った写真を１枚は撮らなければと位置を変えながら19枚写したところで飛び去った。撮り始めてから1～2分のこと。

再生して見ると、疑心暗鬼ながら紛れもないヒサマツミドリで、私にとっては、大自然からの「超(蝶)サプライズ」であった。

（第199号・2017.3.25）

ヒサマツミドリシジミ♂　朝鍋鷲ヶ山　2015.06.30

ウラミスジシジミの思い出 26

ウラミスジシジミ　新見市久保井野　2015.06.16

　このシジミチョウは、翅の裏面に3本の筋模様があり、その模様から裏三筋（うらみすじ）と言われている。また、鳥取県の伯耆大山（だいせん）に産することから、別名ダイセンシジミと呼ばれることもある。
　私が初めて出合ったのは、50年以上も前のことである。1964年6月21日、広島県山県郡加計町の山中で2♀を偶然採集した。この記録は、当時広島県で3番目の記録であった。高校を卒業し、就職先が広島で採集に熱をあげていた頃の出来事で、土曜日の午後と日曜日は、ほとんどを山で過ごしていた。
　蝶友と出かけることが多く、見慣れぬシジミチョウを前に長竿をいっぱいに伸ばし、網を振る位置を横から見てもらった。決して逃がすことなく一振りで決めなければならない。位置が決まり思い切って網を振った時は、完全に目をつむっていた。それは、ナラガシワが自生する急な斜面でのこと、いまでも脳裏にはっきりと残っている。

ウラミスジシジミ　新見市久保井野　2016.06.13

　その後は、岡山県内でもいろいろなところで出合うことができた。岡山市東区の芥子山山頂のアベマキ林、神庭の滝周辺のコナラ林、新見市のクヌギとナラガシワ林、恩原高原のカシワ林など、すべてが思い出深い出合いであり、それぞれのロケーションで被写体となってくれた。
　このシジミチョウは、出合いたくても出合えないことが度々ある。とは言っても突然現れる。他の蝶と比べて何か心が躍る不思議なシジミチョウでもある。
　そう思わせるいくつかの理由がある。一度に多くの個体を見ることはほとんどない。翅の模様が独特で一見して見分けられる。幼虫の模様と形態が類似種と大きく異なる。蛹になる時、食樹であるクヌギやナラガシワの樹皮（コルク）を幼虫がかじって穴をあけて、その中に入って蛹になるという。一度は見てみたいと探しては見るものの未だに見ることができていない。このような習性は、他の蝶にほとんど見られない。日中は不活発で食樹な

ウラミスジシジミ　新見市久保井野　2016.06.13

どの葉上にいることが多いため、竿などで枝を軽くたたきながら探さないと見つけることが難しい。発生の時期も他の近似種と微妙にずれているなど、とにかく気になる蝶である。

岡山県内に広く生息するが、どこにでもいる蝶ではなく、生息地は局所的で限られている。幼虫は、コナラ、クヌギ、ナラガシワ、カシワなどの葉を食することから、これらの自生する雑木林に見られる。

（第200号・2017.6.30）

27 森の宝石・ウラジロミドリシジミ

“梅雨の蝶”とも言えるこのシジミチョウは、小雨が降ったり止んだり、時に薄日が射す天候という状況が本当によく似合うシジミチョウだ。小雨が降ったあと日差しが射して明るくなると羽を開くことが多い。この時をねらっての待撮りとなる。

他のミドリシジミの仲間とは一線を画し、発生の時期や成虫の行動などが少し異なり、なにか心引かれる。♂の表面の深いブルーの輝きは、「森の宝石」と言っても過言ではない。毎年発生の時期になると引き寄せられるように生息地へと足を運んでしまう。

この深いブルー色を、羽化して間もない全く傷のない個体で撮影をしたい。ロケーションの良し悪しの中で、最も重要なことは、羽を開いた被写体の上から撮影できることである。

当然のことではあるが、撮影が終わるまで逃げないことが前提である。背景に違和感のあるものがないか？太陽の位置など撮影条件がそろうことはほとんどない。蝶までの距離は約70cm、数分間このままの状態で、納得いくまでシャッターを押させてくれた。

今でも毎年少ないながら見ることができるが、私が蝶に興味をもって間もない頃（30〜40年前）は、1本のナラガシワから、数頭が飛び出すことは決して珍しくなかった。遠い昔のことが懐かしく思い出される。

ウラジロミドリシジミ　♂裏面　新見市久保井野　2014.06.15

ウラジロミドリシジミ　♂表面　新見市久保井野　2015.06.16

ウラジロミドリシジミ　♀表面　新見市久保井野　2015.06.20

ウラジロミドリシジミ　♂表面　新見市草間切畑　2016.06.13

次第に少なくなり、最近は一日に1～2頭見る程度となった。

岡山県内では中南部に広く生息する。幼虫の食樹は主にナラガシワで、まれにカシワ、コナラを食す。6月上旬から中旬にかけて一年に1回発生し、卵で越冬する。

因みに、♀の表面は、黒褐色で目立たない。♂の深いブルー色を表現したいので、♀にはほとんど見向きもしない。この美しい♂の色は、すべて♀が産んだ卵からできているのに身勝手なものだと思う。

（第201号・2017.9.30）

クロミドリシジミの思い出　28

山陽新聞の原色図鑑シリーズの『岡山の蝶』、（1996年1月発行）には、岡山県内でそれまでに記録された蝶たちを紹介している。岡山の蝶を紹介する本であるから、できることなら県内で撮影した写真で紙面を飾ろうと思った。出版が決まってからの1年間、1995年の4月から10月にかけては可能な限り山野に出かけ、それまでに撮りためていた写真の不足分を補った。

クロミドリシジミは、1988年6月28日に備中町で1頭の♀が記録されるまで、岡山県からは未記録種であった。中国地方では、広島県と山口県の県境に位置する冠高原と島根県に生息することが知られていた。岡山県での撮影を諦めていた私は、1995年7月に2回遠征して♀の撮影に成功した。図鑑の62頁を飾っているのが、その時の写真である。

ミドリシジミの仲間の多くは、♂の翅の表は種類により微妙に異なり、緑色、青色、金緑色に輝き美しく私たちを魅了する。♀は例外なく地色は黒褐色である。クロミドリシジミは名前の通り♂の表面は緑色ではなく♀と同じ黒褐色である。翅の角度と太陽の位置により、時に銅色に輝くことがある。このような例は、他のミドリシジミには見られない。活動の時間も特徴があり、午前４時から５時の間と夕刻に活動することがわかっている。蝶界へのデビューは1947年と遅く、他の種に比べると新参者と言える。

クロミドリシジミ♂の日光浴　新見市久保井野　2015.06.20

クロミドリシジミ♀の日光浴　新見市久保井野　2015.06.20

備中町から1♀が記録されて10年が経った1998年、哲多町（現在新見市）の一角で生息が記録され、後日複数回にわたり確認されるに至った。

私が岡山県内で初めて撮影したのは、かなり遅く2009年6月のことである。いつもヒロオビミドリシジミの撮影に行っている新見市草間でのこと。その後は、岡山県の東部を除いて広く確認できるようになり、最近では蒜山高原や久米南町（友人の記録）で見つかり写真に撮られた。

1988年まで確認できなかった種が、ここ約30

年の間に急激に拡散したのか、それとも単に調査不足であっただけなのか、それとも放蝶（幼虫、蛹、成虫を放つこと）による拡散なのか、このシジミチョウはクヌギを食樹とすることから、人間の手で他の産地から卵が付いている木が植えられたのか、このシジミチョウは遠く離れた他の産地から飛んでくるほどの飛翔力があるとは考えられないことから、いろいろなことを考えてみるがわからない。

♂の色合いもさることながら、活動時間、生息地の拡散状況が不明など、私には何か変わっている蝶に映る。クロミドリシジミには、毎年の出合いを求めて生息地に通う不思議な魅力がある。

（第202号・2017.12.31）

クロミドリシジミ♂の裏面
新見市久保井野　2015.06.16

クロミドリシジミ♂の日光浴　新見市久保井野　2014.06.20

自然の中の隠し絵
（テングチョウの冬越し）

29

蝶々歳時記（8）で紹介したテングチョウが再び登場だ。50年以上も前は少なかったこの蝶は、時代を経るごとに多くなり、今では発生の時期の6月にもなると数百匹（決して大袈裟ではない）が、民家の窓や壁に止まっていたり、湿地で給水していることがある。この集団が驚いて一斉に飛ぶ光景を見ると、普通の方々はびっくりしてしまう。時々その状況を見た人が「何という蝶か？」と聞かれることがあるが、このような事は他の蝶にはないことから、すぐテングチョウだとわかる。

テングチョウは成虫で越冬するが、真冬の12月や1月でも気温が10℃前後で晴れた日には日光浴のため姿をたびたび目にする（写真①）。しかし、日がかげると翅を閉じて自然の中に身を隠す。写真②は、自分の姿を近くの風景に溶け込ませ、止まる場所を選択しているようにさえ感じてしまう光景だ。

こんなに多く発生する蝶も冬越しの現場を見ることはほとんどない。風当たりの少ない人工物の隙間や、枯れ葉の中などが想像されるが直接現場を見ることは簡単ではない。

写真①　201.12.30（越冬中の日光浴）

写真②　2015.11.28

私の撮友に岸清巳氏という方がおられる。彼は、勤めがあるので基本的に日曜日しか撮影に行くことができない。私は自営業なので、彼よりは自由に時間を作ることができるが、私はせっかちなので蝶の行動を何時間もかけてじっくりと観察することが少し苦手である。彼は撮影を二の次にして、まず、目の前の蝶を観察することから始めるので、それまでわからなかったことを突きとめることが多く、その情報をよく入れてくれる。

この場所は、岡山市北区下牧にある神社の一角。これまでムラサキツバメの集団越冬を観察して越冬巣に出入りするシーンなど決定的な写真を撮るなど成果をあげている場所で、神社の周りはスギやシリブカガシなどの高木樹林で覆われ、本殿のある場所は、風からさえぎられる大きな空間となっている。彼がムラサキシジミの越冬個体を見つけたのもこの場所である。

情報を受けて現場に行ってみると、常緑樹の葉に枯れ葉がしっかりと絡み、枯れ葉の裏側に1頭のテングチョウが見えた。日陰なのでやっと見える状態であった。とにかく写真に収めるためストロボで数枚写した。

再生して拡大すると、もう1頭が並んでいることがわかった（写真③）。♂と♀が2頭ならんで冬越しをしている現場を目の前にして、想像ではなく直接目にした感動はやはり大きかった。テングチョウの翅の裏面がこれほどまでに枯れ葉の色と模様に溶け込むとは考えもしなかった（写真④）。

私は、50年以上も蝶に関わっているにも拘わらず、その姿は感動ものであった。（第203号・2018.3.31）

写真③　越冬中の2個体・上が♀で下が♂　2017.12.07

写真④　越冬中・枯れ葉に似ている　2017.12.29

クロツバメシジミの思い出 30

幼虫は、ベンケイソウ科を食草にすることから、これらの自生する場所が生息地となる。

ベンケイソウ科はどこにでもある植物ではないので、おのずから生息地は限られる。

岡山県内でクロツバメシジミが食草とするベンケイソウ科は、ツメレンゲを主としてオノマンネングサ、マルバマンネングサ、ツルマンネングサなどが報告されている。これらの植物は、旧家（本葺）の屋根や塀に自生するツメレンゲに多かった。過去形の表現が寂しいが、一昔前は和気の町の民家の屋根や塀に密生していて、このシジミチョウも多く見ることができた。これらは、近年、ことごとく壊されて消失した。

幸いにも近くの堤防の石崖には広い範囲にツメレンゲとオノマンネングサが自生していて、堤防の内側の約100mの範囲に100頭を軽く超えるクロツバメシジミを見た。多くの個体から新鮮なものを選んで撮影する贅沢な時間が過ごせた。訪花、配偶行動、交尾個体、産

クロツバメシジミ　雑草の先端に止まり、このような場所で夜を過ごす　和気町和気　2012.10.22

クロツバメシジミ　食草のツメレンゲに産卵に訪れた♀
和気町和気　2015.10.08

クロツバメシジミ　石崖に止まる♀　和気町和気　2015.09.08

クロツバメシジミ　食草のツメレンゲに止まり交尾　上が♀　和気町和気　2014.10.21

卵行動などいろいろなシーンを好きに撮ることができた。何時間もクロツバメシジミを相手に少しでも気に入った写真を撮るべく真剣に遊んだことが懐かしく思い出される。

一年に数回世代を繰り返し、10月頃ツメレンゲに花が咲くころ最も個体数を増す。この時期、生息地で一番多い蝶は、このクロツバメシジミだ。ここでは珍しくもない普通の蝶というわけである。

ところが、今では数頭見ることにも苦労する有様だ。嘗ての盛況は見る影もない。このシジミチョウは、地理的変異と個体変異があることから、コレクションの対象となり、採集者が絶えない。

食草は、以前と変わらないくらい見られるが、個体数減少の原因がわからない。県内外から採集者が訪れるが、採集でとりつくせるものではなく、それが主な原因とは思えないが、採集圧がどの程度影響してきたのか大変気になる。　　　　（第204号・2018.6.30）

サカハチチョウの思い出 31

蝶々日記を見ると、55年前の昭和38年（1963年）4月3日、岡山市鮎木（金山の山麓）で採集したコツバメから始まる。当時高校生（3年）で、蝶にのめり込んだばかりで、蝶友と3人で金山にはよく出かけていた。今では山頂まで車で簡単に行けるが、当時はふもとまで自転車で行き、もっぱら歩きながら楽しんだものだ。車では見逃しがちな発見も数多くあった。

サカハチチョウを初めて目にしたのは、1963年5月3日高梁市備中広瀬で行われた、倉敷昆虫同好会の採集会でのこと。岡山市から外れた場所にはほとんど行くことがなかった自分にとっては、高梁市の広瀬方面は初めての遠出で心ワクワクといったところであった。そこは、谷筋に沿って山路があり多くの蝶に出合うことができた。

当日の日記を見ると、サカハチチョウをはじめトラフシジミ、ツマキチョウ、カラスアゲハ、オナガアゲハ、スジグロシロチョウを採集したことがわかる。サカハチチョウは3頭とメモがあった。ツマキチョウは♂

♀の後を歩いて追いかける♂　勝田郡奈義町菩提寺　2004.05.01

ヒヨドリバナで吸蜜する夏型♂
苫田郡鏡野町恩原高原　2004.07.11

食草コアカソに止まる♂　久米郡久米南町　2017.05.01

食草コアカソに止まる♀
久米郡久米南町
2017.05.01

と♀が一見して区別できることから4♂1♀と書かれていたが、サカハチチョウは、初心者の私は♂と♀の区別ができなかったのであろうか、3頭と記していた。55年前の日記に目を通し、懐かしくその頃のことを思い出した。

この日はサカハチチョウだけではなくトラフシジミも初めて見る蝶で、かなり感動した記憶があり、私の思い出深い蝶になっている。

春型と夏型があり別種と思うほど色彩と模様が異なる。春型は、5月上旬から発生し、鮮やかな色合いをなし、夏型は7月から8月にかけて現れ、地色の黒色が増すが、赤色の筋模様があり誠に美しい。翅が開くと逆さまになった八の字模様からサカハチチョウの名がある。♀は♂と比べて翅の形が丸くなり、なれると簡単に区別できる。岡山県内にサカハチチョウに似た蝶はいないので、一見してこの蝶とわかる。

成虫は、林縁や渓流沿いに見られ、ウツギ、コンロンソウ、イボタノキ、ガマズミなど主に白色系の花を好んで訪れる。

この蝶は、まだ見ることができる機会はあるものの、以前に比べるとやはり少なくなった。突然の出合いにいつもホッとする。

昨年の5月、蝶友の案内でサカハチチョウを目的に出かけた。場所は、久米郡久米南町で渓流に沿って、食草であるコアカソが多い。ツマキチョウが多い場所で、以後、毎年訪れるフィールドになっている。

（第205号・2018.10.5）

キマダラモドキを求めて 32

一昔前は、蒜山高原や恩原高原で度々見かけた。同じヒカゲチョウの仲間であるオオヒカゲとともに見る。ほぼ同じ場所を生息域にしているが、発生の時期に微妙な差がある。ここ十数年の間に、両種とも目立って少なくなり、特にキマダラモドキは見ることができなくなった感じの蝶。

30年くらい前には、蒜山高原の散歩道沿いで、朝早く葉上で翅を開いて日光浴をする姿を複数個体見ることがあった。気温の低い日は近寄ることができ、夢中でシャッターボタンを押したこともある。ススキの草原にあるカシワの疎林や、クヌギの樹液で見たことも。普通は敏感で近寄る前に飛び立ち、ススキや暗い雑木の中に素早く隠れてしまう。

当時はポジフイルムの時代で、ISO感度64を使っていた。低速度のシャッターで、適正露出（ラチチュードが狭い）、ピント（手動）と手振れを気にしながら一枚一枚慎重に撮ったものだ。

恩原高原　1992.08.01

今はデジタルカメラなので、状況に合わせて感度を自由に変更できる。性能が格段にあがり、シャッターボタンを押すことだけに集中できる。何よりフィルム代が気にならないことが大きい。時代を遡れば、思う存分あらゆる角度から撮ったものにと悔しい。

その後、幾度か出合ったが、年を重ねるたびに見なくなった。恩原高原では2010年7月20日を最後に、蒜山高原では2014年8月に樹液に来ていたとの情報が最後。数名の蝶友に最近の情報を聞いてみても、岡山県内での朗報は得ることができない。

多くの蝶と発生の時期が少しずれる、生息場所が限られる、必ず会える蝶ではない、いつも突然出合う、さほど綺麗でもない。そんな蝶に、なぜこれほどまでに魅了されるのか、明確な理由がわからない。

ここ数年、キマダラモドキに会えずにいると、ますます会いたくなる。毎年、7月になるとキマダラモドキが頭に浮かぶ。それは、恋人に会いたくてたまらない恋心そのもの。来年の発生時期には73歳、足も少し不自由になったが、心はワクワク。何時の日か出合えたならば、どのくらい冷静なカメラワークができるだろうか？　（第206号・2018.12.31）

キマダラモドキ　川上村別所　1988.07.24

キマダラモドキ　恩原高原　2010.07.20

33 感動の再会・ウラギンスジヒョウモン

この蝶は、岡山の自然187号、2014年3月の蝶々歳時記（13）で、すでにとりあげている。この蝶を撮影したのは1991年6月22日が最後。それ以来、出合える日を心待ちにしていたタテハチョウ科の1種。

前の歳時記に、これからは岡山県内に「たぶんいないだろう」ではなく、「きっとどこかにいる」との思いで探してみたい。そこには「アッと驚く光景まっているかも知れない」と結んでいる。

それから4年目の発生時期を迎えた2017年の6月、笠岡市の数カ所で生息地を発見している友人に案内をお願いした。友人は、私が撮影専門で採集はしないことをよく知っていたので快く引き受けて下さった。生息地で共通することは耕作放棄地で、放棄されて4～5年以内の場所に限られるとのこと。それ以上草刈りもされることなく放棄されると、別の場所に移動するらしい。

約束の日は、6月17日、最初に訪れた場所は♀を探

写真①　ノアザミで吸蜜する♂　笠岡市　2018.06.12

写真②　ウラギンスジヒョウモン♀の日光浴　笠岡市　2018.06.12

す♂の飛翔行動が見られたが、セイタカアワダチソウの間を見え隠れしながら、せわしく飛ぶのでとても撮影どころではなかった。それでも26年ぶりの再会に感動した。

次に訪れた場所はいろいろな花が咲いていて、吸蜜に来るとのこと。今にも現れそうな良い環境に見えたが、1♂が飛ぶ姿を見ただけ。撮影のチャンスがないまま時間だけ過ぎ去っていった。

次は、林縁に囲まれたチガヤとセイタカアワダチソウが自生する耕作放棄地。ヒメジョオンが多く、ノアザミが所々に咲いていた。近くに民家が1軒あった。

いきなりノアザミに吸蜜する♂が目に入った。26年振りの撮影チャンスに、まず1枚と気持ちがたかぶる。

この日は♂の撮影に満足しが、♀に出合うことがなかった。帰路についたが、羽化したばかりの目の覚めるような♀の写真を撮りたいとの思いを抑えることができず、翌18日と22日に行くも♀に出合えず、その年は終わった。

翌2018年は、少し早いかと思ったが、気持ちが焦り6月9日に行った。前年にノアザミの花で吸蜜の写真を撮った場所だ。撮影の確率は最も高いと判断した。

その理由は、ノアザミの株が少ないということである。多い方が良いと思われるかもしれないが、それは

逆で少ない方がその花に来る確率が格段に上がる。花からの距離と自分の位置を決めて待っていれば、訪れた直後から連写で撮れる。花の上で吸蜜しながら歩いて回ってくれるので、いろいろなポーズを楽に撮ることができる。花の上で歩きながら回る習性は、その花に吸蜜源が多数ある花の場合で、他の蝶でもよく見られる行動である。多い時は2回、3回まわることもあるので、自分の気に入った角度をゆっくり待って撮ることができる。さて、新鮮な♂は心行くまで撮影できたが、この日も♀は現れなかった。

12日に再び訪れた。午前8時頃到着。待つこと30分、♂がいつものノアザミに吸蜜に来たが、少し破損していた（写真①）。

午前9時26分、ついに♀を発見。心が躍るがロケーションが良くない。何枚か撮ったあといなくなった。11時過ぎ、休耕田の一つ上の段にあがってみた。そこには、前述の、アッと驚く光景が待っていた（写真②）。2頭の♀が翅を開いて日光浴をしていたのである。鮮やかな橙色が緑色の中で目立った。2頭とも羽化したての新鮮な個体だ。私は、夢でも見ているような感覚に浸った。

その後の観察で、♂はノアザミに訪れ、♀はヒメジョオンを好んで訪れることがわかった。かくして、♀の写真撮影を堪能し至福の一時を過ごしたのである。

友人のお陰で、毎年楽しめるフィールドがまた一つ増えた。（第207号・2019.4.25）

ヒメジョオンで吸蜜するウラギンスジヒョウモン♀　笠岡市　2018.06.12

34 種の保存法にリストアップされたウスイロヒョウモンモドキ

岡山の自然第150号（2004年）5～6頁に絶滅危惧種として「恩原高原のウスイロヒョウモンモドキ」を紹介しています。その後、種の保存法の中にリストアップされ、鏡野町と岡山県の天然記念物にも指定されるなど、ますます注目される種となりました。

・2015年7月22日に、鏡野町指定重要文化財（天然記念物）に指定（生息地）。
・2016年3月15日に、種の保存法（国内希少野生動植物種）に追加指定。
・2018年3月 6日に、岡山県指定重要文化財（天然記念物）に指定（生息地）。

写真②　写真集ウスイロヒョウモンモドキ

種の保存法とは、国内外の絶滅のおそれのある野生生物の種を保存するため、平成５年４月に「絶滅のおそれのある野生動植物の種の保存に関する法律」が施行され、これを略して（種の保存法）といいます。

写真①　オカトラノオで吸蜜するウスイロヒョウモンモドキ　2019.07.04

ウスイロヒョウモンモドキは、2016年3月この種の保存法に基づいて追加指定されました。国が主導で守るこの種に指定されると卵・幼虫・成虫の捕獲はもとより、過去に採集された標本の譲渡まで原則禁止となりました。これに違反すると、5年以下の懲役または500万円以下の罰金が科せられます。

2004年以降も衰亡の一途をたどるこの蝶は、地元各区民の方々をはじめ多くの方のご理解とご協力をいただきながら、生息地の保全と復元にむけた活動により、現在も生き続けています。今では地元グループの「上齋原ふるさと掘り起こし委員会」により、草刈り、食草の植え付けと種蒔き、周辺の木々の伐採、観察会など、環境の復元と啓発活動など一歩一歩着実に実施されています。

この蝶は、平成の時代に入ってから全体的に衰亡の一途をたどり、特に2003年から恩原高原で保護活動に関わってからも、周辺の数少ない生息地はますます危機的状況になっていると聞いています。

特に兵庫県のハチ高原のウスイロヒョウモンモドキ生息地では、広い範囲に多く発生が見られていましたが、鹿の侵入で大打撃を受けたとのことです。大変驚きました。

恩原高原の生息地も決して例外ではなく、毎年の発生個体数に一喜一憂してきました。ここ数年、鹿が入っている痕跡が広く見られます。2015年と2016年の発生期には、2～3頭見つけるのに苦労しました。どうなることかと大変心配しましたが、翌2017年と2018年には少し見られるようになり、今年2019年の6月下旬から7月上旬にかけてかなり見ることができました（写真①）。少しはホッとしましたが、何時何が起こっても不思議ではありません。鹿の侵入を防ぐ対策を一日も早く講じる必要を強く感じています。

最後に私事ですが、平成30年西日本豪雨で床上浸水の被害を受けました。写真のデータを保存している外付けHD2個を2階に上げて事なきを得ました。うっかりしていたらと、ぞっとしました。これを機に、保護活動に関わりながら撮り続けてきた好きな蝶の写真集を、この春に山陽新聞社から出版しました（写真②）。写真集のタイトルは、ズバリ『ウスイロヒョウモンモドキ』です。気に入っている写真を次々と並べました。同じ蝶の写真が、150頁に172枚続きます。いくら好きな蝶と言っても自分で呆れるほどです。どこから見ても自己満足度100％の本ですが、私にとっては思い出深い出版物となりました。

山陽新聞社から出版したことから、浸水被害から約1年経過した令和1年7月27日の朝刊（全県版）に「がんばろう岡山」西日本豪雨の記事で「被災乗り越え写真集」と題して本の出版について掲載していただきました。

この写真集の発行は、この蝶の保全活動を根底から支えて下さる地元自治体、鏡野町の山崎親男町長と、上齋原ふるさと掘り起こし委員会の、藤木精二会長と渡辺文章事務局長に文を寄せていただいての出版です。岡山の自然を守る会事務局に1部寄贈しています。機会があれば見てくださると嬉しく思います。

（第209号・2019.10.25）

ウスイロヒョウモンモドキの集団吸水　2019.07.01

蒜山高原の ゴマシジミとクロシジミ

35

蝶の種類が最も多く見られる季節は、5月下旬から7月上旬にかけてです。これらの中から少し遅れて現れる蝶の中に、ゴマシジミとクロシジミがいます。岡山県では7月中旬から8月中旬にかけて、主に県北部の草原で見ることができます。少し前は岡山県中部でも見ることができましたが、環境の変化（放置）で見ることができなくなった場所も多いです。2種とも、今では県北の草原を彩る存在となりました。

近年、多くの草原性の蝶が急激に衰亡する中で、この2種は辛うじて命をつないでいる貴重な存在なのです。

この2種が、今でも発生を続けている大きい理由として、春に行われる山焼きが考えられます。山焼きや草刈りなどすることなく、放置していると、何れは疎林となり果ては林から森へと変化していき、草原性の生き物は棲み家を追われることになります。山焼きをすることで、適正な生息環境が長い期間保たれるからです。

写真①　ゴマシジミ♀　蒜山高原　2015.08.07

写真②　クロシジミ♂　蒜山高原　2013.07.13

この2種の幼虫は、山焼きの時期をアリの巣の中で、アリから直接餌を与えられて育つという特殊な生態をもっています。生息地が山焼きにあっても、幼虫は地中にいるので全く影響を受けることが無い、というわけです。長い間の風習として行われてきた山焼きが、草原性の蝶を代表するこの2種を守ってきたと言っても過言ではありません。

一方、草原性の蝶を代表する蝶の中で、衰亡の一途をたどるヒョウモンチョウの仲間がいます。その中で、オオウラギンヒョウモン、ヒョモンモドキ、ウスイロヒョウモンモドキの3種は、蒜山高原で見ることができなくなってしまいました。そのほか、ウラギンヒョウモンなど多くのヒョウモンチョウも少なくなっています。ヒョウモンチョウ類の幼虫は、地上で越冬することから、山焼きにより直撃を受けることとなります。山焼きをしない場所も、草原の管理がされなくなったりして、生息に適した草原環境がますます減少したことが、衰亡を加速してきた原因の一つと考えられます。

蝶好きの私は、この時期になると毎年決まったようなスケジュールで訪れてしまいます。一年で最も暑い季節に現れるので、熱中症との戦いでもあります。気持ちが乗っていた頃は、2泊3日で納得する場面を探す粘りがありましたが、年齢を重ねるたびに休憩をとる時間が増えてしまいました。最近は訪れる回数がすっかり少なくなりました。

写真③は、翅を開いた状態をほぼ真上から撮ったゴマシジミ♂の写真です。直射を受けていたので光のバランスが良くありませんでしたが、撮友が影にしてくれたので、雰囲気の良い写真が撮れました。翅の裏のゴマを散りばめたような模様と相まって美しく上品なシジミチョウです。

写真①は、ススキの葉上で翅を閉じて休息しているゴマシジミの♀です。写真②は、ススキ草原でテリトリーを張っているクロシジミの♂です。蒜山高原の草原で、いつまでも姿が見られることを願っています。

（第211号・2020.10.31）

写真③　蒜山高原　2013.08.13

シルビアシジミとヤマトシジミ

36

四十数年前、久米南町にお住まいの岸清巳さんからお聞きして以来、シルビアシジミと言えば久米南町中籾（現在・久米南の美しい森の周辺・写真①）に何回通ったことでしょうか。勿論、どこにでもいないシジミチョウなので必然的にそうなってしまいました。

シルビアシジミは、ヤマトシジミに酷似していて、大きさも同じくらいで、翅を開いた状態でもせいぜい2㎝前後、閉じると1㎝と少しのシジミチョウです。飛んでいる姿だけでは、なかなかシルビアシジミと確定できません。それほどよく似ています。止まって斑紋の違いや翅の色合いなど見なければはっきりとは同定できないのです。両種の違いがはっきりとわかる写真を見てください。写真②がシルビアシジミで③がヤマトシジミです。○印の斑紋の位置が異なっています。

写真②　シルビアシジミ

写真③　ヤマトシジミ

写真①　久米南美しい森のビジターセンターから生息地を望む

久米南町中籾の生息地周辺は、道路の斜面や草地・段々畑の畝などの草刈りが定期的にされてきて、人の手で整然と管理された里山の風景が続いてきたとともに、この環境でシルビアシジミの食草であるミヤコグサ・コマツナギと、ヤマトシジミの食草であるカタバミが自生し続け、両種とも命をつないできたと考えられます。シルビアシジミの写真を撮りにきて、見つけても、まず両種の見分けに余念がありません。これも楽しみの一つでもあります。

ヤマトシジミの幼虫は、カタバミの葉を食べるので、皆さんの庭にも普通に見られる蝶の1種です。庭の中で、足元を飛ぶ小さな青色のシジミチョウは、まずヤマトシジミの雄です。一方シルビアシジミは、ミヤコグサを主食草としてコマツナギもよく利用します。このため住宅の庭では普通見ることはありません。堤防や里山の段々畑の畝や草刈りがされる斜面に生息していますが、食草があればどこにでもいるチョウでもありません。草刈りが定期的にされるなど、管理がされている場所に局所的に生息しています。写真④は、交尾中の写真です。岡山県内では、ごく限られた場所にのみ生息していることが知られています。詳しい調査をすると、まだまだ新しい産地が見つかるかもしれません。両種とも、4月から11月にかけて年に数回発生します。裏表紙の写真は、チガヤに止まり日光浴をしている雄です。雄は、深いブルー色が特徴ですが、雌は全面黒色で地味です。今後も写真を撮っている間はこの蝶との出会いを楽しみに出かけることでしょう。

シルビアシジミには愛のエピソードがあります。ここに少し紹介しておきます。和名のシルビアは、大正から昭和にかけて、がん研究に一生を捧げた医学者・生化学者であり、昆虫研究家の故・中原和郎（なかはら　わろう）（1896-1976年）の幼くして夭折した愛娘・シルビア嬢の名から名付けられ、娘を偲ぶ父の愛が込められています。　　　　（第212号・2022.05.15）

写真④　シルビアシジミの交尾(左♀)　2008.07.02

日光浴をするシルビアシジミ　2015.09.27

一枚の写真を夢見て

37

（ミスジチョウ）

蝶の写真を撮って50年余り、飼育写真から野外での生態写真、生息環境の写真までいろいろ撮ってきました。思い描いて撮った写真や、はたまた偶然の出合いで運よく撮れた写真でも、良い写真が撮れれば、それはそれで誠に嬉しい限りなのですが、今回は前者のほうの話をしたいと思います。

野外で撮ってみたいシーンは、想像たくましくいろいろ考えてはみるものの、いざ撮るとなると個体数が少なすぎてほとんど不可能と言って良いほどです。

私には、被写体である蝶には失礼かもしれませんが、次のようなこだわりがあります。蝶の翅が破れていないことと、できる限り新鮮であることを条件としているのです。このこだわりが撮影のチャンスをより少なくしていることもわかっているのですが、どうにも仕方がありません。こだわりとははっきりとした意味はない、そういうものだと思っているからです。こだわりがあるからこそ、思った写真が撮れた時に嬉しいのです。

蝶の全てが好きですが、やはり出合える機会が少ない蝶の決定的な一枚を撮りたい、というのが本音です。飼育ではなく自然状態の中で撮りたいシーンの中に、羽化のシーンがあります。何種類かはすでに撮っていますが、写真として気に入ったものはなかなか撮れていません。ところが2020年、久米南町の一角でそのチャンスに恵まれました。それは、ミスジチョウの自然状態での羽化です。

写真①　午前10時19分、カエデの上空を飛ぶ母蝶　2019.06.03

岡山県内に棲むミスジチョウの仲間には、コミスジ、ホシミスジ、ミスジチョウの3種がいます。コミスジとホシミスジは一年に2～3回世代を繰り返し個体数も多く見られ、民家の周辺でよく見られます。一方ミスジチョウは、一年に１回発生するだけで、岡山県中北部に広く生息しているものの個体数が大変少なく、私の蝶人生の中でも過去10回も出合っていない、という感じの珍しい蝶です。このミスジチョウの野外羽化を写真に収めようというわけです。そうは言ってもこのようなシーンを簡単に撮れるはずもありません。ネットで検索しても出てきません。ますます撮りたくなりました。

事の発端は、久米南町の岸清巳さんから、「久米南美

写真②　午後4時33分、蛹の頭部が割れて目が見える。
岡山県久米郡久米南町中籾「久米南美しい森」ビジターセンター　2020.05.31

しい森」の広場に植えられているカエデの上を飛翔しているとの情報を得たことから始まります。どうも産卵（幼虫の食樹はカエデ類の葉）に来ていたようです。写真①が2019年6月3日に撮った母蝶の写真です。岸さんは、冬にカエデの葉が落葉してから、2020年の年明けに枯れ葉で越冬している幼虫を多数見つけました。以後、春となりカエデが芽吹いて幼虫が育っていく過程を毎日のように観察することが岸さんの日課となりました。日が経過するたびに１匹１匹と数を減らして行く様子が知らされました。鳥などに捕獲されたのかもしれませんが、どうにか１匹残って蛹になったようです。ロケーションは最高とのことで、思い描くシーンが、撮れる可能性が残されました。

蛹になってもいつ羽化するのか、そのタイミングがわかりません。岸さんは、蛹になって数日後から、ほぼ毎日蛹の色の変化を見に行くことが再び日課となりました。そして、毎日のように写真付きで蛹の様子が送られてきたのです。

2020年5月30日、ついに待ちに待った「まず、明日には羽化するだろう」との情報がきたのです。岸さんはこのシーンを撮るため、１月に越冬している幼虫を見つけてから約５カ月間観察してきました。自然状態の羽化の一枚を撮るためにです。ご自宅から歩いて５分くらいの距離で行けることと、毎日でも見に行けるという条件が適っていたから、この日を迎えることができたのです。私は、岸さんが費やした間に何もすることなく、聞くだけでこの日を迎えました。誠に有り難いことであります。

私はこれまでの経験から、近縁のホシミスジが早朝に羽化したことがあるので、思い切って午前5時に現場に行くことにしたのです。ここまで来て、羽化後に行くことになってはいけません。

翌5月31日、当日は朝から小雨で、「久米南美しい森」のビジターセンターで雨宿りをしながら雨が止むのと、時が過ぎるのをひたすら待ちながら、何分かおきに蛹に変化はないかを見ることが続きました。

午後3時を過ぎました。雨は止んでいるのですが、午前5時に到着してからすでに10時間が過ぎました。蛹の色や腹部の関節の伸び具合などからして、羽化しても良いと思う状態なのですが、このまま蛹の中で死んでしまうのか？と思いながら時を待ちました。

午後4時30分、蛹の頭部が割れるのが見えました。「ウワッ、待っていてよかった。これで、思い描いた写真が撮れる」と一瞬思いました。

写真②でわかるように、幼虫が越冬していた枯れ葉の元は、糸でしっかりと綴られ固定されていて、その枯れ葉の下に糸で綴って垂蛹となっていました。羽化した成虫は脱いだ蛹の殻にぶら下がって翅を伸ばすはずです。越冬していた枯れ葉と蛹の殻、それにぶら下がる新成虫、背景は見事に抜けている。これ以上のシチュエーションはありません。そのシーンを想像して写真のアングルを決めていました。私の頭の中では、しっかりと写真が出来上がっていたのです。しかし、頭部は見えたものの、これ以上は見ることが叶わず羽化不全となりました。何十年も前のことですが、ほぼ同じ場所でシルビアシジミの羽化シーンで、8時間待って頭部を出しながら進行が止まったことを思い出しました。今でも忘れることができません。

蛹のミスジチョウは、前年の５月下旬から６月上旬に産卵されてから、長い幼虫の時期を経て、その間には野鳥などの天敵から逃れ、蛹の時期には寄生蜂からも逃れ、ほぼ1年を費やして羽化の時期を迎えました。成虫となる一歩手前で、ほんのわずかなアクシデントによって大空に舞うことができませんでした。この日は気温が低い上に、蛹の殻と翅の間の解離時に、雨が降るなどタイミングが悪かったのではないかと思っています。

前年に撮影した母蝶（写真①）は、もしかすると長いあいだ観察してきた幼虫・蛹の母蝶かもしれません。可能性は大いにあります。何と無情なことでしょうか。自然の摂理とはそのようなものでしょうが、その一端を垣間見る思いでした。

＊　＊　＊

季刊『岡山の自然』（岡山の自然を守る会の会誌）は、これまで季刊で発行されてきましたが、次号からは年に1回とお聞きしました。この「蝶々歳時記」は、2011年3月15日発行の第175号から始めましたが、この37回で終了とさせていただきます。私は、今年の3月で76歳となり、体は年齢相当に様々な問題を抱え、大量の薬を毎日常用しながら今日まで生きてきました。あと何年山に行けることか少々不安ですが、今少し蝶の写真を楽しみたいと思っています。今後ともどうぞよろしくお願い申し上げます。　（第212号・2022.05.15）

番外編

地球温暖化についての危機感が低い理由

01

地球温暖化ついての危機感を、より実感するためには、まず地球の大きさを実感する必要があります。地球の周囲は約4万kmです。「4万kmもある」と考えるか「4万kmしかない」と考えるかにより、感じ方は大きく分かれます。

私は時々思うことですが、車を新しく替えて走行距離が4万kmになると、「この車で地球をもう一周したのか」と思います。日本から出ていないだけで、距離だけでは地球を一周したことになります。そのたびに、地球の大きさは意外と小さいと感じてきました。若い頃はスクーターで九州を一周したことも、東京まで軽四輪乗用車で行ったこともあります。ごく最近でも一日に400kmの距離を車で走ることもあります。それを100回繰り返すと、地球一周です。

よく走っていた頃の、年間平均走行距離は、約36,500kmでした。一日平均100kmです。この頃は、一年に地球一周弱の距離を毎年走っていたことになります。最近は歳をとってきたのか、年20,000kmと少なくなりました。全平均を25,000kmとすると、運転履歴は約50年ですから、25,000×50=1,250,000kmで、これを40,000kmで割ると約31回地球を回る距離を運転した計算です。

そのような感覚から、地球は意外と小さいと思ってしまいます。たかだか1,000kmの違いで気候が大きく異なります。生物相も、また大きく異なります。この地球は、決して大きくはありません。地球は、自身で地球の自然をきれいにする自浄作用・復元力を持っています。これが無かったら、もっと短い期間に大変なことになることを察しなければなりません。

改めて言いますが、地球は無関心でいて大丈夫と言うほど、決して大きくはないと思うのです。

普通種も少なくなっています。珍しい種はもっと少なくなります。私は、現実ここ20〜30年の間でも蝶を通じて実感しています。多くの蝶たちが衰亡の一途を辿っています。この中で分布域を拡大している蝶がいます。それは南方系の蝶に限られています。このことからも、温暖化が進んでいることがわかります。

かけがえのない地球、とよく言われていますが、どのようにかけがえがないのか？誰に対してかけがえのない地球なのでしょうか？を考えたことがあるでしょうか。約175万種とも言われる全生物（個体数では天文学的な数字）に対してかけがえのない地球なのです。

私は、今書きながら「標高2,200m、スイスのアルプス氷河鉄道」の録画映像を見ています。見とれています。感動ものです。見た目は何の問題もありませんが、氷河は融け続けています。

生態系がまだ壊されていない綺麗なサンゴ礁や、4Kの大画面で放映されている世界の絶景を、コーヒーを飲みながら心が癒されていては、危機意識を持てるはずもありません。世界地球紀行のような自然讃歌の番組は、見る側の心の問題と思うのですが、素晴らしいと見とれているだけでは、むしろ危機意識は薄れていくでしょう。

争いのある国や、その日暮らしの子供は知的な目をしています。日本は平和ですから、いろいろなことに鈍感になります。なぜ？どうして？と考えなくても生きていけます。24時間コンビニが開いています。鈍感でも生きていける土壌が構築されています。生まれて一度も怒られたことのない子供が、突然知らない大人からカミナリを落とされてポカーンとしている有様は、不幸なことと思います。何で怒られたかさえわからないのです。でも、どこの国の人間も、安心して生きていける大前提は、地球の温暖化に歯止めをかけることしかありません。

地球の大きさは、私たちの全ての活動から起きる全影響まで自浄する余裕はないと思います。その限界を超えているから温暖化しているのです。地球以外の天体まで思いを巡らさなくても、最近の気象状況から起きる災害は、時々ではなく、もはや連発と言って良いくらいです。

私も含めて、今はやりの「ボーっと生きてんじゃねーよ！」と神様からお叱りを受けそうです。

世界の政治家たちも、皆さん自分の子供や孫がいるでしょう。それでも、とりあえず今の自分の立場が安泰であれば良いのです。これも鈍感さです。酸素は今のところ無料で吸うことができます。誠に有り難いことですが、その意識を持たないで吸っていることも鈍感さです。

私は自営ですから、自分の仕事上の責任は、全て私一人が受けなければなりません。団体の中でよくある責任問題があやふやになるようなことは、決してありません。関係者が複数の場合は全員が他人事（複数の無責任）となります。多くの方は、明日は自分のことかもしれない隣の交通事故死も他人事です。この他人事、この鈍感さが、温暖化をなおざりにしている一番の理由だと思うのです。　（第210号・2019.12.06）

番外編

宇宙の中での独り言 02

満月　2015.09.28

それは、宇宙概念から見る人生観・自然観です。かなりくどい話となりますが、触角を立て、想像力をフル回転させてお読みくださると嬉しいです。

宇宙飛行士が地球に生還した後と前では、人生観が変わると聞いたことがあります。宇宙船に乗り、はるか上空から青く綺麗な地球を見て、あの一角で意見が合わずに喧嘩をしていることや、境界線が1㎝違うなどと、隣同士で言い争いをしていることを想像すると、愚かを通り越して笑ってしまいます。小さい話は、もうどうでもよくなります。

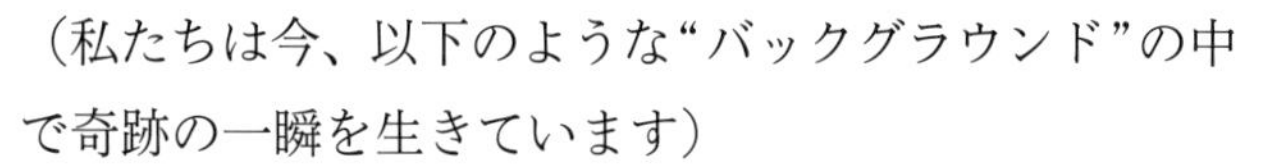

（私たちは今、以下のような“バックグラウンド”の中で奇跡の一瞬を生きています）

- 観測可能な宇宙の半径は、約450億光年。
- その中で銀河の数は約1兆個。
- 天の川銀河は、約2,000億個～4,000億個の恒星があり、地球のような惑星を入れると、途方もない数になります。中央に巨大なブラックホールがあり、その形状は直径約10万光年、厚さ約1,000光年の円盤状であるといいます。
- この天の川銀河は、宇宙空間の中を時速約216万㎞の速度で、回転しながら移動しているそうです。
- 太陽系（直径約4光年）は、この天の川銀河の中を時速約864,000㎞で移動しています。
- 太陽の年齢は約45億歳。寿命は約55億年といわれています。
- 地球は、太陽を一周（公転）する間に、約365回自転しています。
- 地球の周囲は約4万㎞、光の速度はその周りを1秒間に約7回半まわる速度です。自転速度は赤道付近で、時速約1,600㎞です。因みに、ジェット旅客機は800㎞程度です。
- 天の川銀河を含む全銀河（宇宙）は、加速度的に膨張している。その時速は、約360万㎞で外縁に向かって広がっているといわれています。その先は誰もわかりません。

（その中での、私の住所）

宇宙　うお座・くじら座超銀河団　おとめ座銀河団　局部銀河群　銀河系（天の川銀河）　オリオン腕　太陽系　第三惑星地球　日本国　〒709-0631岡山県岡山市東区東平島1595-86となります。

この場所に私が生きていることが、すでに奇跡です。心臓は、体温を保ち続けるために動き続けています。最近でこそ最先端技術の恩恵を受けてはいるものの、生を受けて約75年間、約36～37℃の体温を保ち続けるべく働いています。本当に凄いことだと思います。飲料水はすでに買っています。直接命に係わる酸素は、今のところ皆さん無料です。無料ですから、有り難さを感じていません。有り難さを感じていないのですから、感謝をしないまま時が過ぎていきます。そのうち酸素ボンベを持ちながらの外出となり、通りすがりの方が器具の故障や酸素切れにより苦しんでいるのを見て、お互いさまと助け合っている光景を眼にするかも知れません。命が助かった方は、酸素の有り難さを心から感謝することでしょう。

また、この環境の中、皆さんは地球号に乗って宇宙旅行をしているのですから、月旅行なんてどうでも良い話ですが、周りの風景ごと移動しているので、残念ながら全く実感がありません。やはり、月から地球を見たいですよね!!でも、月から見ても距離が遠すぎるので、眺めは良くてもあまり実感が得られません。宇宙船から地球を見るくらいの距離が、実感するには丁度良い距離なのかもしれません。

地球が瞬間的に止まったらどうなるのでしょうか？

頭がおかしいのか、絶対に起こり得ないことまで時々想像してしまいます。自転の速度・公転の速度・太陽系の移動速度・天の川銀河の移動速度などを考えると、一瞬で粉々です。粉々なんて、なまやさしいものではありません。もはやわかりません。

天の川銀河に近いアンドロメダ銀河は、時速約44万㎞のスピードで地球に接近しているそうです。そのため、約40億年以内には衝突する可能性があり、その後約20億年後に、巨大な楕円形の新たな銀河を形成するといいます。超超、壮大な衝突場面です。その後、何十億年かかり落ち着いていくのでしょう。

1億年前に闊歩していた恐竜を、地球から１億光年の距離にある星から超望遠鏡で地球を眺めたら、恐竜の動いている姿を見ることができます。これは理屈の上での話ですが、瞬間移動もできませんし、超高性能な望遠鏡もありませんので、望むことができませんが、このようなロマンあふれることを、若い頃から思い浮かべていました。子供の時に見たゴジラの映画が強く印象に残っていたのでしょう。この間も、多くの生物が誕生してはいろいろな原因で消えていきました。

その“地球”で現在知られている生物の総種類数は約175万種（総個体数は天文学的な数）で、未知の種を加えると500万種とも800万種とも推測されています。こともあろうに、その頂点に君臨しているのが人類・ヒトといわれている“ホモ・サピエンス”です。

この“ホモ・サピエンス”とは勿論ヒト自らが名付けた学名で、“賢い”と言う意味だそうです。今では、主に面子と忖度で生きているような生き物で、善行・パワハラ・セクハラ・詐欺・盗み・恥知らず・損得・裁判と、何でもありの生き物です。基本、自分の国（または自分個人）さえ良ければ良いのですから地球温暖化に大切な合意さえ、とてもできない状況です。賢いという学名の生物でありながら、人類が絶滅するかもしれないリスクを回避する合意さえできません。新型ウイルスの対策にしても、多くの命が脅かされていながら損得勘定が正しい判断を鈍らせます。他の約175万種の生き物から見ると、誠に奇妙な生き物と映っていることでしょう。誠に不謹慎な表現ですが、この地球の全生物からすれば、ヒトがいなくなることが一番良いのかもしれませんね!!

このようなことを言っている私も、約175万種または天文学的な個体数の中の1個体として、上記住所に何平方メートルかの範囲を占有して生きています。命を奪われる恐怖におびえることなく平和に毎日過ごしています。まだ、仕事に在りついています。有り難いことです。

この1個体（私）は、約50年前に一人の女性と出会い、女の子が生まれました。その後、女の子は一人の男性と出会い、2人の子供が生まれ共に暮らしています。

同じように、約175万種もの生き物がこの地球上で命をつないでいるのです。これは、宇宙の中で物凄く稀有なことだと思います。これはどのように考えても、その全てが奇跡としか言いようがありません。

この約175万種は、自然の摂理に従って生きています。この中の、頂点にいる人間（ヒト）だけが摂理に反し、ご都合主義で勝手な繁栄を構築しています。もし、人間以外の全生物（勿論、ウイルスなども含む）が意思を持ち、徒党を組んで反撃してきたら（生物一揆）、私たちは一たまりもなく瞬時に絶滅するでしょう。

私が興味をもってきた蝶たちは、地球の中の日本の岡山県を中心とする、ごく狭い範囲の中の蝶たちであります。宇宙感覚で比べると大きさは比較にならないほど差がありますが、起きているドラマは同じです。私には宇宙のドラマは想像するだけで直接見ることはできませんが、蝶の生態を観察することは、宇宙の中の壮大なドラマの一端を見ていることだと思います。

宇宙の中に生命体が存在する星が何個あるのでしょうか？ないと考えることが不合理ですが、もしかすると、この地球だけかもしれません。

イシガケチョウ（1994年の観察）やミカドアゲハ（1999年～2008年の10年間に及ぶ観察）の南方系の種が、岡山県内やその周辺に分布を広げて行く現場を、直接観察できたことは、奇跡なことだと思っています。地球の歴史から考えると超一瞬の出来事に、私の人生が重なり立ち会うことができたのです。勿論、自然界で起きているドラマに気が付いたこともありますが、誠に幸運な出来事でありました。

このような小さな蝶も、太陽系の中で完全変態（卵⇒幼虫⇒蛹⇒成虫）という、誠に奇妙で驚くべき変化を経て、蝶（成虫）となって飛んでいます。翅を伸ばし始めて1～2時間後、鳥のようにリハーサルをすることもなく、一気に飛び立ちます。科学が進歩している現代、1兆円の費用をかけても、小さな蝶1匹作ることができません。自らの命を守るべく、近づいただけでも一瞬に逃げてしまいます。命をつなぐための求愛行

ミズイロオナガシジミ　真庭市三平山　2019.06.29

動も、手を抜くことなく一生懸命に行います。確率高く相手にたどり着きます。地球には、こんな生き物が175万種以上も依存しています。それゆえ、「かけがえのない地球」なのです。

以上、長々と書いてきましたが、私たちが暮らしている岡山の地で起きていることは、宇宙というバックグラウンドの中で起きています。時には、満天の星空を仰ぐことで想像して見ては如何でしょう。自然を見る目が少しは変わるかもしれません。

私は生を受けて75年、これからもワクワクする蝶との出合を楽しみたいと思っています。

（追伸）恒星の数や距離・何光年などの数値は、専門的に学んだことのない小生が、ネットで調べて軽々しく引用しました。誤りがありましたら、スルーしてください。

（第211号・2020.10.31）

おわりに

2020年は、東京オリンピックが開催される予定の年でありましたが、何と言ってもその開催が１年延期される原因となった大きなことがありました。2019年12月、中国で報告された新型コロナウイルスによる世界への感染です。2021年の7月、延期されていたオリンピックがコロナ禍の中で強行開催されました。何とか終了しましたが、ウイルスは変異を重ね続けて未だに終息する気配はありません。日常、普通にできる当たり前のことが、如何に有り難いことであるか、人類は身に染みてわかったことでしょう。困難に直面した時には、何かを捨てて前に進むことの大切さを学んだ出来事のようにも感じていますが、地球上の全生物種の中で、コロナウイルスに翻弄されている種は、恐らく私たち人類1種だけでしょう。他の全生物は一見何事も無いように過ぎています。どうしようもありませんが、コロナウイルス問題から学んだ多くのことを、せめて忘れることのないようにしたいと思います。兎にも角にも、一日も早く終息することを祈ります。

謝　辞

最後になりましたが、岡山の自然を守る会の『岡山の自然』編集担当の方には、長い間大変お世話になりました。また、合本の発行を了解していただきました、岡山の自然を守る会の関係者の方々には心からお礼を申し上げます。また、本書の出版にあたりまして、吉備人出版代表の山川隆之氏と、スタッフの方々には大変お世話になりました。深くお礼を申し上げます。

著者略歴

難波 通孝（なんば　みちたか）

1946年3月、岡山市に生まれる。関西高等学校卒。高校時代から蝶に興味を持ち、（株）広島銀行勤務を経て、現在は（株）スキップス岡山北支店勤務にて損害保険募集業務に従事。

所属
上齋原ふるさと掘り起こし委員会（ウスイロヒョウモンモドキ部会）・日本鱗翅学会（元評議員）・岡山の自然を守る会・日本蝶類学会・日本チョウ類保全協会・岡山昆虫談話会・倉敷昆虫同好会・山陰虫の会・広島虫の会・愛蝶会などの会員。

著書
・生態写真集 岡山の蝶（1983）丸善（株）岡山支店 出版サービスセンター　自刊
・日本の昆虫⑪ ベニモンカラスシジミ（1988）（株）文一総合出版
・生態写真集 ギフチョウを追って（1989）丸善（株）岡山支店 出版サービスセンター　自刊　共著
・フィールド写真集 蝶からのメッセージ（1992）丸善（株）岡山支店 出版サービスセンター　自刊　共著
・"1994" イシガケチョウの飛翔（1994）丸善（株）岡山支店 出版サービスセンター　自刊
・原色図鑑　岡山の蝶（1996）山陽新聞社
・ウスイロヒョウモンモドキ（2019）山陽新聞社
・命つないで岡山の蝶（2019）山陽新聞社

受賞歴
1995年（平成7年）「"1994" イシガケチョウの飛翔」で日本文教出版（株）から第27回岡山出版文化賞
2007年（平成19年）「白水 隆アルバム」で日本蝶類学会から磐瀬賞

住所
〒709-0631　岡山市東区東平島1595-86
携帯電話 090-2800-6619
E-mail：nanba_ag@ms12.megaegg.ne.jp

岡山の蝶々歳時記

2023年 9 月30日　発行

著者　難波通孝
発行　吉備人出版
〒700-0823 岡山市北区丸の内2丁目11-22
電話 086-235-3456　ファクス 086-234-3210
ウェブサイト www.kibito.co.jp
メール books@kibito.co.jp

印刷・製本　株式会社中野コロタイプ

ISBN978-4-86069-717-4　C0045